普通高等教育机电类“十三五”规划教材

数字化设计与制造工具综合应用实验指导书

黄新燕 主编

電子工業出版社
Publishing House of Electronics Industry
北京 · BEIJING

内 容 简 介

本书以 SolidWorks 和 CAMWorks 为数字化设计与制造的平台，精选训练运用实例，由浅入深逐步训练学生三维建模、装配、工程图生成和数控加工仿真的能力。本书在训练学生工具运用能力的同时，配合了相关的基本概念和专业术语的阐述。

本书对运用数字化设计和制造工具的学生有很好的参考价值。

图书在版编目（CIP）数据

数字化设计与制造工具综合应用实验指导书 / 黄新燕主编. —北京：电子工业出版社，2020.3

ISBN 978-7-121-38485-1

Ⅰ. ①数… Ⅱ. ①黄… Ⅲ. ①数字技术－应用－机械设计－高等学校－教材②数字技术－应用－机械制造工艺－高等学校－教材 Ⅳ. ①TH122②TH164

中国版本图书馆 CIP 数据核字（2020）第 028736 号

责任编辑：赵玉山　　　　特约编辑：田学清
印　　刷：北京盛通商印快线网络科技有限公司
装　　订：北京盛通商印快线网络科技有限公司
出版发行：电子工业出版社
　　　　　北京市海淀区万寿路 173 信箱　　　　邮编：100036
开　　本：787×1092　1/16　印张：9.25　字数：237 千字
版　　次：2020 年 3 月第 1 版
印　　次：2021 年 4 月第 2 次印刷
定　　价：34.00 元

凡所购买电子工业出版社图书有缺损问题，请向购买书店调换。若书店售缺，请与本社发行部联系，联系及邮购电话：（010）88254888，88258888。

质量投诉请发邮件至 zlts@phei.com.cn，盗版侵权举报请发邮件至 dbqq@phei.com.cn。

本书咨询联系方式：（010）88254556，zhaoys@phei.com.cn。

前　言

国内计算机设计与制造课程教学注重理论的学习，实践环节大多以课程内实验的形式进行，在综合、创新能力培养及先进技术、工具的运用能力培养方面比较欠缺。虽然在课程实验中也会使用先进的技术，但由于实验设备有限，只能让学生初步达到认知的阶段。从学科发展的角度出发，对本科生综合、创新能力进行系统化的培养和训练正在不断地被提到议事日程上，已经引起老师和学生的足够重视，但是长久以来还没有一个完整的针对数字化设计与制造的综合及创新能力培养的实践体系和实验指导书。

本书的编写目的是通过典型的机械产品的设计，从实际应用和动手操作的角度，对学生进行包括三维建模、装配、工程图生成和数控加工仿真在内的全面的实验指导和训练，着重培养学生综合运用机械设计和制造方面的知识分析和解决问题的能力，并提高对计算机辅助设计与制造工具的操作和综合运用能力。

本书共分为 5 章，第 1 章主要学习由简单到复杂的特征造型的三维建模方法，通过精心挑选的典型零件来强化学生的特征造型的概念和技能。第 2 章则进入高阶的造型，通过选择工业和生活中的典型零件，在满足学生学习兴趣的前提下进一步提高学生分析零件结构完成造型的能力。第 3 章着重关注产品的建模，选择一个简单的产品，让学生从组成产品的每个零件的造型开始，最后装配完成产品整体模型。第 4 章主要帮助学生灵活应用学过的专业知识，生成合格的工程图文件。第 5 章的重点在于计算机辅助数控程序的生成，着重强调了从模型到数控程序生成的流程，为了使学生更好地掌握专业英文术语，这一章对相关的关键术语给出了详细的中文和英文的对照解释。

本书可以作为“机械设计”课程的配套指导教材，也可以作为“计算机辅助设计和制造”课程的上机指导教材，还可以作为具有一定机械设计和制造基础知识的读者自学相关工具和软件的参考书。此外，本书可以作为 SolidWorks 和 CAMWorks 软件的辅助培训教材。

本书由南京理工大学机械工程学院黄新燕副教授主编。鉴于笔者水平的限制，书中难免有不妥和错漏之处，恳请广大读者指正。

由于本书中图片是软件绘制的，为保持与实际相符，正文和图片中对应的变量字母用正体。

作　者

2019 年 10 月

目　录

第1章 基于 SolidWorks 的三维特征造型单项技术实验

1.1 三维特征造型基本概念

1.1.1 基础特征

特征造型是以实体模型为基础,用具有一定设计或加工功能的特征作为造型的基本单元来建立零部件几何模型的造型技术。因此，特征是三维特征造型的基本元素。

SolidWorks 是基于特征的造型平台,它首先以基体特征为基础,通过不断添加特征,最终构成零件。特征可以随时添加、编辑、修改及重新排序，从而不断完善设计。

在 SolidWorks 系统中，实体特征包括基础特征、基准特征、细节特征等。基础特征是建模时零件的基础结构要素，其他特征的创建往往依赖于基础特征。

基础特征主要包括拉伸特征、旋转特征、扫描特征和放样特征。拉伸特征是将绘制的二维截面形状沿给定方向和给定深度生成的三维特征，常用于构建等截面的实体。旋转特征是将绘制的截面草图按照指定的旋转方向,以某一个旋转角度绕中心轴线旋转而成的特征，适合构建回转实体。扫描特征是由一组二维草图轮廓横截面沿某一条路径扫掠形成的特征。采用扫描特征建模时，必须同时具备扫描路径和扫描轮廓，而且当扫描特征的中间截面变化时，应定义扫描特征的引导线。放样特征是以两个或多个轮廓为基础，按照一定的顺序在轮廓之间进行过渡生成的特征。建立放样特征必须同时存在两个或两个以上的轮廓。轮廓可以是草图，也可以是其他特征的面或点。

在 SolidWorks 中，创建基础特征是从草图开始的，也就是说草图是建立实体特征的基础。因此，基础特征也称为基于草图的特征。如何完成一个完全定义的草图的绘制成为三维建模的关键。

草图的绘制必须选择合适的平面，称为草绘平面。草绘平面通常选择基准平面或零件表面。在选择草绘平面后才可以开始绘制草图。绘制的草图轮廓一般分为开口轮廓和封闭轮廓两类。封闭轮廓是由首尾相接的一系列线段组成的封闭环。开口轮廓的首尾则不相接。无论是开口轮廓还是封闭轮廓，轮廓线都不可以自相交。根据草图在实体造型中的作用，草图主要分为截面轮廓草图和路径草图。

草图的绘制工具主要有两大类：草图绘制实体和草图工具。草图绘制实体用来完成二维几何元素的绘制，如圆、圆弧、直线、矩形、样条、倒角、圆角和点等。草图工具是用来编辑、修改已经创建好的草图几何体，如裁剪实体、延伸实体、等距实体、镜向实体、阵列实体和转换实体引用等。其中，用来裁剪实体和延伸实体的草图工具可以快速地获得边界，使草图轮廓封闭。总之，草图工具可以帮助设计者快速、准确地完成草图的绘制。

每个草图都有一个状态来决定它能否被使用，这些状态包括欠定义、完全定义和过定义。如果一个草图的尺寸和几何关系得到了完整和正确地描述，那么这个草图就实现了完全定义。在一般情况下，完全定义的草图的颜色用黑色来表示。对于完全定义的草图，可以在改变任意草图元素形体的同时保持草图的设计意图。如果草图的几何关系未被完全定义，那么改变草图中的任意几何元素的尺寸，其他本该关联的尺寸都不会相应改变，这时草图属于欠定义状态。在一般情况下，欠定义的草图的颜色用蓝色表示。如果草图中的几何元素被过多的尺寸和（或）几何关系约束，或上述两者互相约束，那么这时草图属于过定义状态。在一般情况下，过定义的草图颜色为黄色，同时系统会给出提示。对于过定义的草图，必须删除一些几何关系或尺寸确保定义方式合理。

尺寸关系（约束）包括草图轮廓中几何元素的长度、距离、半径、直径和角度等，通常采用智能尺寸工具来标注。尺寸的作用就是限定组成草图轮廓的各个图形元素的位置和形状。一个确定的草图轮廓需要若干个尺寸，若多一个尺寸就将引起矛盾，若少一个尺寸则草图轮廓无法确定，所以要在草图轮廓上标注正好所需要数量的尺寸。从设计的角度看几何元素需要标注的尺寸，通常也是在制造过程中需要的质量控制的关键参数。所有尺寸要按照零件设计和制造的要求构成完整、合理的尺寸链。当更改尺寸时，零件的大小和形状将随之发生改变。能否保持设计意图，取决于用户为零件标注的尺寸。

几何关系（约束）用于限定各个几何元素之间的特殊关系，从而限制草图实体的移动。常用的几何关系，平行、垂直、水平、竖直、相切、共线、同心和固定等。在草图的绘制过程中，正确添加几何关系可以缩短绘图时间且方便后期修改。几何关系保证了草图几何元素的尺寸改变后，草图仍能大致保持原来的形状。

尺寸关系和几何关系的合理运用可以完整、清晰地表达设计意图，确保零件的形状和后期造型的完成。

1.1.2　基准特征

基准特征是用于辅助建立几何特征的特征，此外，在零件的装配和工程图中也有重要的作用。在 SolidWorks 特征造型系统中，基准特征又称为参考几何体。基准特征主要包括基准点、基准面、基准轴和坐标系。下面主要介绍基准面和基准轴。

1. 基准面

基准面是草图绘制、特征建模的基础，只起参考作用。基准面的作用有以下几种。

（1）基准面是草图的绘制平面，即在草绘时的方向参考面和标注的参考面。

（2）在改变视图时基准面作为参照面。

（3）基准面是镜向特征的参考面。

（4）在装配模式下，基准面作为对齐、匹配和定向等装配约束的参考面。

（5）在工程图模式下，基准面作为建立剖面图的参考面。

SolidWorks 提供了许多建立基准面的方法。

- 等距平面：按指定的距离生成一个平行于某基准面或表面的平面。

- 两面夹角：通过一条已有的边或轴线与一个已有的平面或基准面成指定角度生成的新平面。
- 点和平行面：通过一个点生成一个平行于已存在的基准面或平面的平面。
- 点和直线：通过一条直线（边线、轴线）和一个点（端点、中点）生成一个新的平面。
- 点和曲线：通过曲线上一个点（端点、中点、型值点）并和该点切削方向垂直的平面生成的基准面。
- 曲面切平面：选取一个曲面和曲线上的一个边线或指定的一个点来产生一个与曲面相切或相交成一定角度的基准面。

2. 基准轴

基准轴实际上就是直线。在 SolidWorks 中有临时轴和基准轴两个概念。临时轴是由基体造型中的圆锥体和圆柱体生成的，也是系统自动产生的。可以根据需要选择隐藏或显示临时轴。基准轴是可以根据需要人工生成的。生成基准轴的方法和原理与生成直线的方法和原理相同。

1.1.3 细节特征

细节特征是指在设计过程中按照工程设计要求对基础特征添加的各种特征，主要包括圆角特征、倒角特征、拔模特征、抽壳特征、筋特征、异型孔特征、圆顶特征和包覆特征等。

1.1.4 本章实验目的

通过本章的实验，训练学生达到以下要求。

- 熟悉 SolidWorks 的操作界面。
- 具有 2D 草图绘制工具的应用能力。
- 掌握如何完全定义 2D 草图。

- 具有 3D 草图的绘制能力。
- 具有拉伸、旋转、扫描和放样实体的造型能力。
- 具有拉伸、旋转、扫描和放样切除实体的造型能力。
- 掌握结构零件的造型能力。
- 掌握钣金零件的造型能力。

1.2 拉伸造型

1.2.1 草图绘制

在 SolidWorks 零件三维造型环境下，从前视基准面、上视基准面和右视基准面三个基准面中选择一个基准面作为草绘平面。本次选择前视基准面进入草图绘制界面，并确保该平面正视于设计者，对于任何一个草绘平面都有一个坐标原点。在前视基准面上绘制如图 1.1 所示的完全定义的草图。

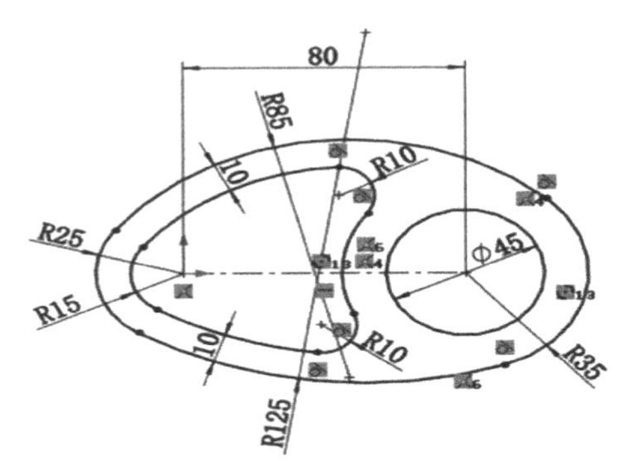

图 1.1 完全定义的草图

第一步：绘制设计基准。在草图绘制时要使设计基准和所选基准面的坐标原点重合。分析图 1.1 中的草图可知其设计基准为圆弧 R15 的圆心。因此，首先选择草图几何元素工具栏中的中心线绘制工具，绘制如图 1.1 所示的水平中心线，并确保中心线的起点和草绘平面的坐标原点重合。用智能尺寸标注工具定义中心线的长度为 80mm，用“水平”几何关系定义中心线为水平中心线，至此，完成了基准中心线的定义。

第二步：分析图 1.1 中的各几何元素的类型及其相互之间的关系，确定绘制草图的策略和步骤，确保选择恰当的草图绘制实体和草图工具，合理运用几何约束和尺寸约束，准确有效地完成草图的绘制和定义。在图 1.1 中，可以用到的草图绘制实体包括基于中心的圆、三点圆弧和圆角；草图工具包括裁剪实体和等距实体，确保快速、有效地绘制出草图的轮廓。

第三步：按照图 1.1 所示的尺寸关系采用智能尺寸标注工具完成尺寸标注，并采用“相切”几何关系按如图 1.1 所示定义几何元素之间的关系，从而完全定义草图。保存并退出草图的绘制界面，进入三维建模环境。

1.2.2 拉伸凸台/基体造型

拉伸造型包括拉伸凸台/基体造型和拉伸切除。拉伸凸台/基体造型属于添加材料的造型，拉伸切除则属于除料的造型。在拉伸凸台/基体造型中草图必须是封闭轮廓。拉伸凸台/基体造型需要设置的参数包括草图轮廓、起始条件、终止条件和拉伸方向。

在图 1.1 中的草图有一个封闭的外环和两个封闭的内环。在拉伸凸台/基体造型参数设置界面（见图 1.2）中，拉伸的起始条件为“草图基准面”，通过设置拉伸方向、终止条件（给定深度）及选择不同的封闭轮廓可以完成图 1.2 中的各种造型，并得到不同的模型。依据图 1.1 中的草图，尽可能变换出多样的造型来加深对拉伸造型关键要素的理解。

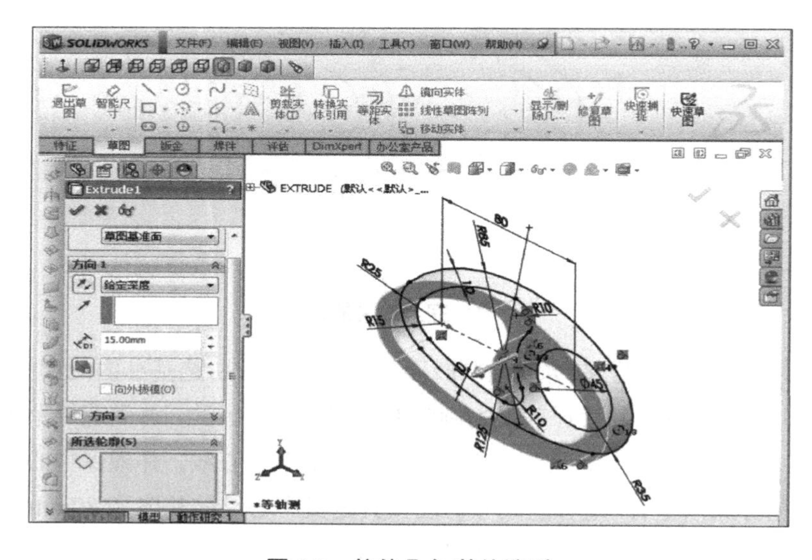

图 1.2 拉伸凸台/基体造型

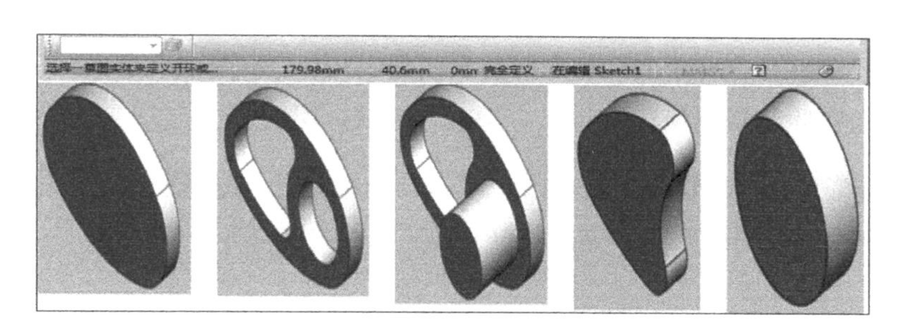

图 1.2　拉伸凸台/基体造型（续）

1.3　旋转造型

旋转造型同样包括旋转凸台/基体造型和旋转切除。旋转凸台/基体造型属于添加材料的造型，旋转切除则属于除料的造型。旋转造型中必须有一条线作为旋转轴，称为构造线。在 SolidWorks 中用中心线作为旋转轴。旋转截面草图必须在中心线一侧，截面草图必须是封闭的轮廓。本次旋转造型操作将通过对图 1.1 中的草图进行编辑、修改来完成。这有助于提高学生对草图裁剪/延伸工具的熟练运用能力，以及进一步理解旋转造型对草图绘制的要求。

首先，采用草图工具中的延伸实体工具将中心线向左右两边的边界延伸，用中心线将图 1.1 中的草图分割成上下两部分。

其次，选择草图工具中的裁剪实体工具，用裁剪实体工具删除图 1.1 中下半部分的元素。

再次，选择草图绘制实体中的直线绘制工具，添加三段水平实线使截面轮廓封闭，如图 1.3 所示。

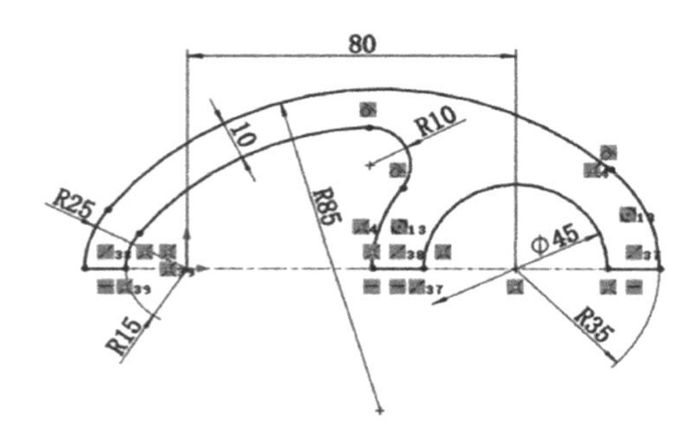

图 1.3　旋转造型用的草图

最后，添加相应的尺寸关系和几何关系使图 1.3 中的草图完全定义，保存并退出草图环境，进入实体造型环境。

在“特征”工具栏中选择“旋转凸台/基体”造型特征，选择草图上的中心线为旋转轴，输入旋转角度为 360°，并完成旋转造型，如图 1.4 所示。

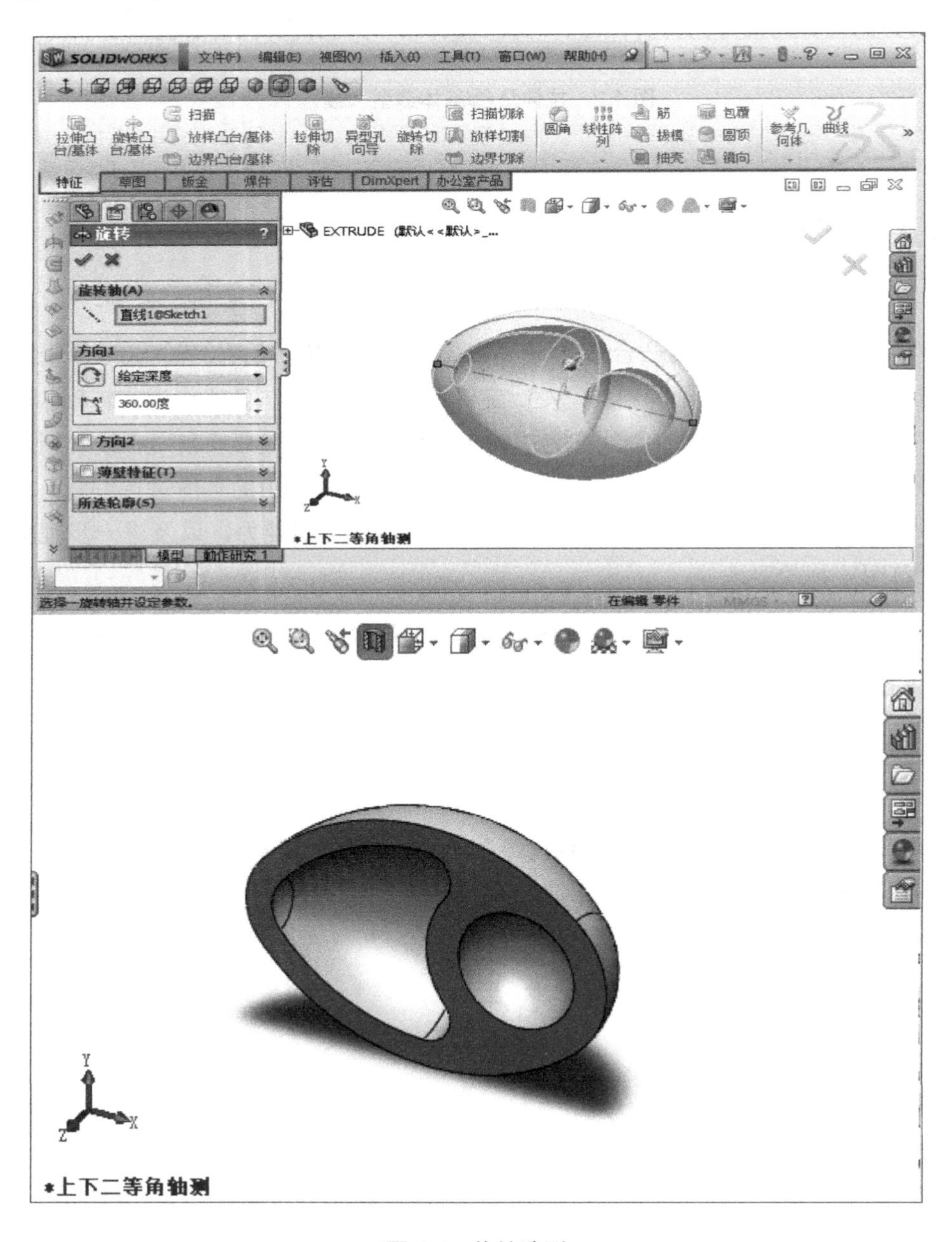

图 1.4　旋转造型

旋转造型和拉伸造型不同之处是，旋转造型必须要选择一个旋转中心轴。如果在草图上有多条中心线，那么必须手动选择其中的一条中心线作为旋转轴；如果只有一条中心线，那么软件会自动捕捉并默认该中心线为旋转轴。在绘制草图时，旋转造型的截面轮廓只需要绘制一半。

1.4　英制零件造型

通过学习英制零件造型使学生掌握以下知识。

（1）如何在 SolidWorks 环境中修改零件的单位。

（2）在造型中如何通过获取实体上的边界来快速绘制正确的草图。

（3）拉伸切除必须在已有的实体上进行。

由于 SolidWorks 环境的默认单位在安装时一般设为公制，所以，在开始英制零件造型前首先需要将单位改为英制。

新建一个零件，打开选项对话框（见图 1.5），选择“文档属性”标签，单击列表中的“单位”选项，在右边的界面中将默认的公制“MMGS”修改为英制“IPS”，完成单位的修改后单击“确定”按钮进入造型环境。

在系统提供的前视基准面、上视基准面和右视基准面中选择一个基准面作为草绘平面。考虑零件的摆放方向，在此选择前视基准面作为草绘平面绘制图 1.6（a）所示的草图，确保设计基准（零件左下角）和草图平面的原点重合。按照图 1.6（a）所示的尺寸和几何约束完成该草图的定义，保存并退出草图进入造型环境。

在基础特征工具栏中选择“拉伸”特征。在拉伸特征中完成图 1.6（b）所示的参数的设置。起始条件选择“草图基准面”，终止条件选择“给定深度”，输入深度为 5in（英寸，1in=2.54cm），拉伸方向如图 1.6（b）所示，最后成功得到零件的基体。

在三维造型中，一旦有实体生成，则实体的表面根据需要也可以成为草图绘制的基准面。选择图 1.7（a）所示的实体上两个基准面中的垂直平面作为草图平面，绘制图 1.7（b）所示的草图。

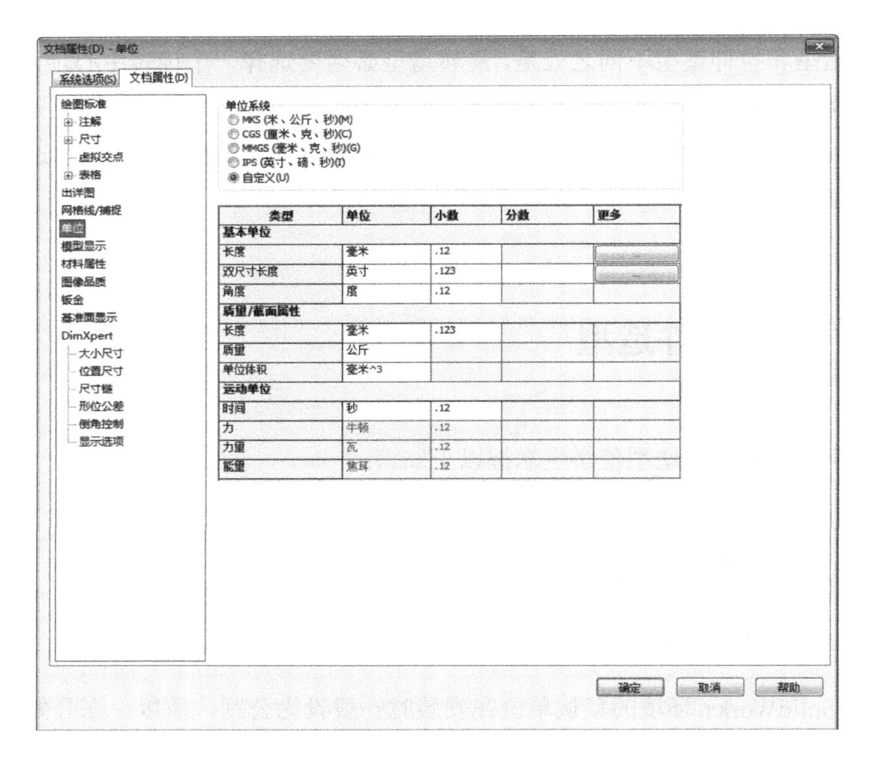

图 1.5 单位的修改

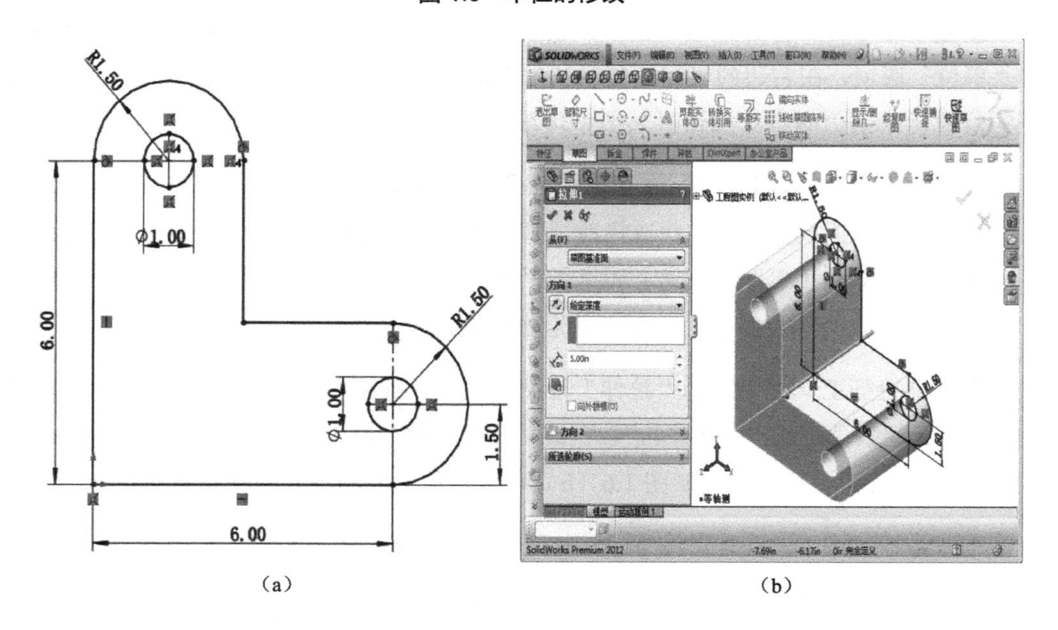

图 1.6 英制零件造型草图

在绘制图 1.7（b）中的草图时，学习运用草图工具中的转换实体引用工具，该工具可以准确获取实体的边界，并将该边界转换成草图中的实体。具体绘图步骤：首先，运用转换实体引用工具将实体顶边和左、右侧边转换为草图中的直线；其次，采用等距实体工具实现左、右侧边向内做 1in 等距及顶边向下做 2.75in 等距的操作；最后，运用裁剪实体工具按照设计意图进行裁剪获得图 1.7（b）所示的封闭矩形轮廓。添加相应的尺寸约束和几何约束完全定义草图，最终完成图 1.7（b）所示的草图绘制，保存并退出草图绘制界面。

在特征工具栏中选择“拉伸切除”特征，在特征定义对话框中，起始条件依然选择“草图基准面”，终止条件则选择“完全贯穿”。这时，软件将自动计算实体上的切除深度，并精确完成材料的切除。

选择图 1.7（a）所示的两个基准面中的水平面作为草绘基准面，重复上述绘图步骤，在该基准面中绘制图 1.7（b）所示的草图。依然选择“拉伸切除”特征工具，在特征定义对话框中，终止条件依然选择“完全贯穿”，最终获得图 1.7（c）所示的造型。

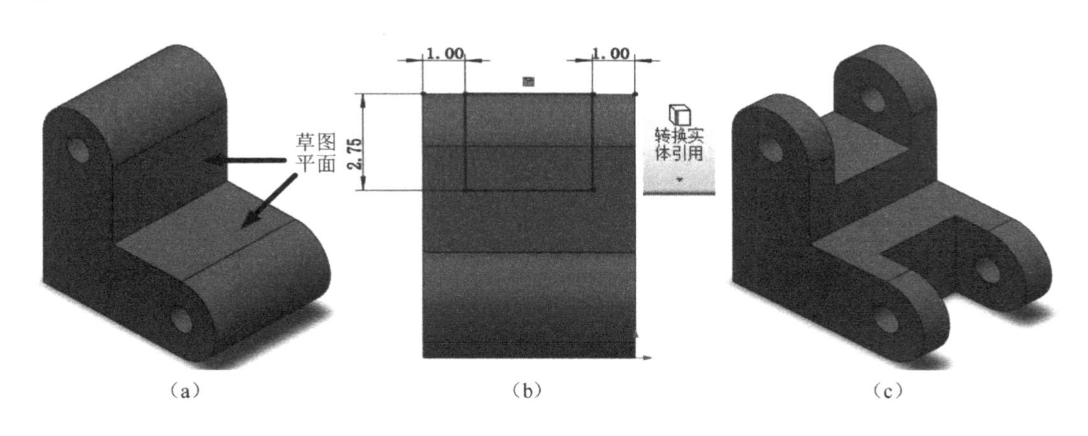

图 1.7　英制零件造型

1.5　扫描特征造型

扫描特征包括简单扫描和复杂扫描。简单扫描可以只有轮廓截面和路径曲线，复杂扫描则通过引导线进行进一步约束。本质上，拉伸特征和旋转特征是一种简单的扫描特征。

扫描特征造型的生成需要遵循以下规则。①轮廓截面草图必须是闭环的。②路径可以是一张草图中的一组草图曲线、一条曲线或一组模型边线。同时，路径可以是开环的，也可以是闭环的。而且，路径的起点必须位于轮廓的基准面上。③无论是草图截面、路径，还是所形成的实体，均不允许出现自相交叉的情况。因此，扫描特征造型的关键就是要正确地绘制轮廓草图、路径曲线和引导线。

本实验通过对一个概念花瓶的创意造型设计，初步学习扫描特征和抽壳特征。

首先，选择系统提供的三个基准面中的上视基准面作为草绘平面，进入草图绘制环境，选择草图绘制实体中的椭圆工具绘制图 1.8（a）所示的轮廓截面，并保存为“草图 1”。

其次，选择前视基准面绘制图 1.8（b）所示的直线，该直线用作扫描路径，确保该直线是垂直的且一个端点和草图的原点重合，将其保存为“草图 2”。

最后，继续选择前视基准面作为草绘平面，并绘制图 1.8（c）所示用作引导线的草图 3，所采用的草图绘制工具为样条曲线工具。草图 3 绘制的关键在于必须定义该样条曲线的起点和草图 1 中的椭圆曲线［见图 1.8（a）］的几何关系为穿透点。用穿透点来约束可以确保样条曲线端点和草图 1 的椭圆重合。由于是创意设计花瓶，所以草图中的尺寸可以根据设计者的意图来确定。

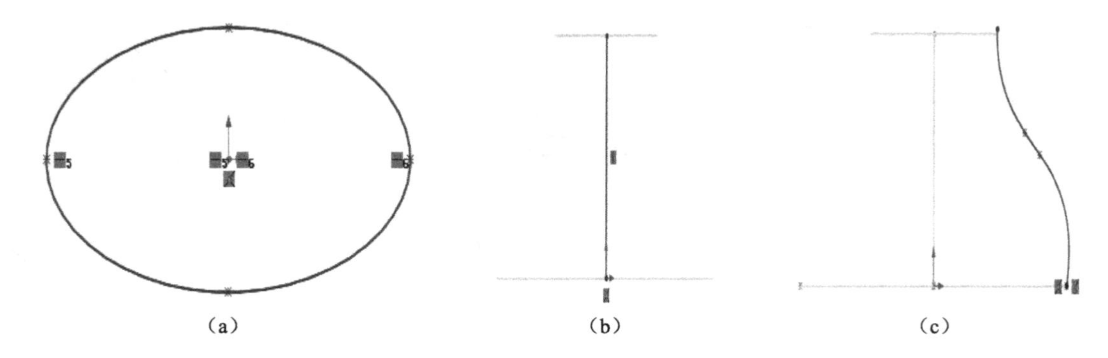
（a）（b）（c）

图 1.8 扫描特征的三个草图

完成三个草图的绘制和关键的几何约束穿透点的定义后，在“特征”工具栏中选择“扫描”特征，并依次选择“草图 1”为轮廓，选择“草图 2”为路径，最后选择“草图 3”为引导线，单击“确定”按钮，即可生成如图 1.9（a）所示的扫描体。

花瓶是壁厚均匀的薄壁零件，可以采用 SolidWorks 提供的抽壳特征来实现。抽壳特征是从实体上去除一个或多个表面，然后挖空实体的内部，只剩下一个指定壁厚的壳体。在“特征”工具栏中选择“抽壳”特征，需要定义两个参数：壁厚和开放的面。这里输入壁厚为 1mm，并且选择开放的面为上表面，就可以生成图 1.9（b）所示的花瓶实体。

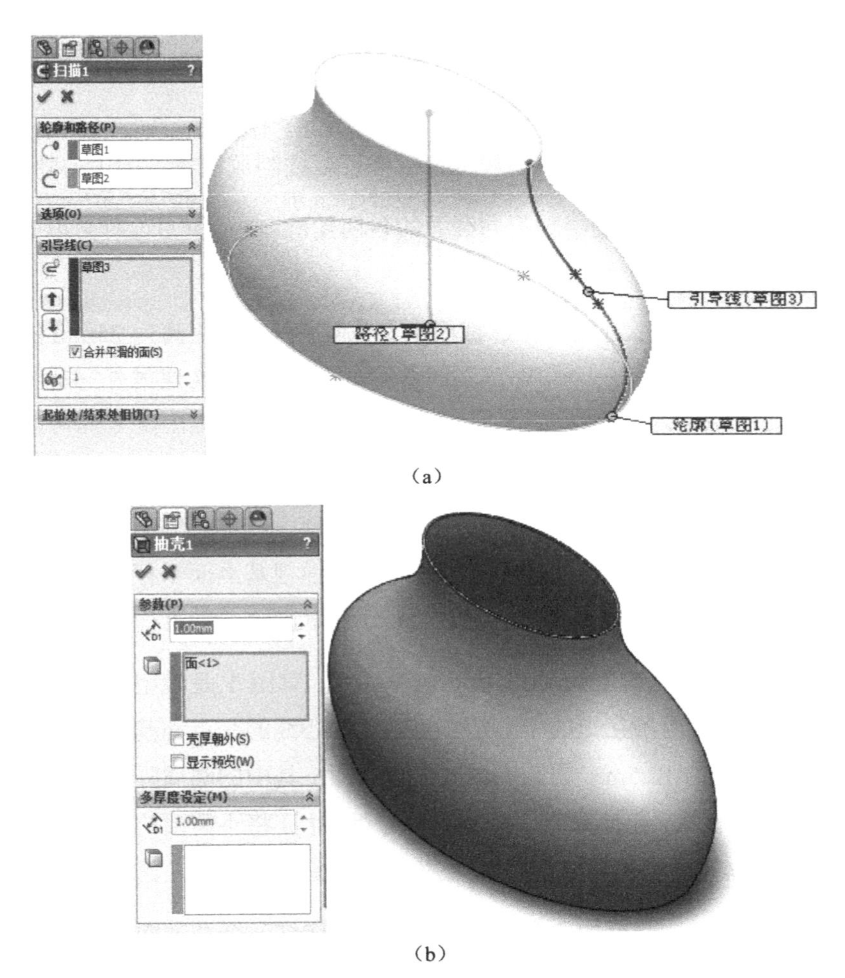

（a）

（b）

图 1.9　扫描特征和抽壳特征

1.6　放样特征造型

放样特征造型是按一定顺序连接两个或两个以上不断变化的截面或轮廓形成的一

种造型方法。放样特征可以分为以下几个特征。

（1）基本放样特征：这种放样特征是通过轮廓间直接采用直线过渡的方法实现的，通常由两个或两个以上规则的特征截面形成，无须专门指定各个特征截面之间融合点的对应关系。

（2）引导线放样特征：使用一条或多条引导线控制放样轮廓，可以很好地控制生成放样的中间轮廓，这时引导线必须与所有特征截面相交。

（3）中心线放样特征：使用中心线进行放样可以控制放样特征的中心轨迹走向。

放样特征造型首先要正确绘制不同截面的封闭轮廓。本实验通过对南瓜的造型设计来学习基本放样特征。

南瓜有四个轮廓截面，这四个轮廓截面定义在互相平行、距离为 25mm 的平面内。假设选择前视基准面作为第一个轮廓截面的草绘平面，则需要构建另外三个与前视基准面平行且相互之间距离为 25mm 的平面。基准面的构建可以运用参考几何体特征［见图 1.10（a）］中的基准面特征来实现。构建基准面的方式有多种，这里选择平行面的方式。

完成图 1.10（b）所示的设置，一次构建三个与前视基准面平行且互相之间距离为 25mm 的基准面，系统将生成的基准面分别标识为基准面 1、基准面 2 和基准面 3。

选择前视基准面绘制图 1.10（c）所示的草图 1。草图 1 是模型设计中的关键，其绘制步骤：首先，绘制两条正交的中心线，并确保中心线的交点和基准面的坐标原点重合；其次，绘制半径为 12.5mm 的圆；再次，用草图工具中的圆周阵列工具得到圆周均布、数量为 8 的圆；再次，选择裁剪工具对草图进行裁剪，将不需要的圆弧部分裁剪掉；最后，用图 1.10（c）所示的尺寸和几何约束实现草图的完全定义。

依次选择基准面 1、基准面 2 和基准面 3，并完成这三个基准面内的草图的绘制。它们和前视基准面中的草图之间的关系如下所述。

- 基准面 3 中的草图和前视基准面中的草图相同。
- 基准面 1 中的草图和前视基准面中的草图相似，只是做了等距扩大，扩大的距离可以根据设计者的意愿自行设定。
- 基准面 2 中的草图和基准面 1 中的草图相同。

由四个草图的关系可见，前视基准面中，草图的绘制是根本；其他基准面中，草图的绘制可以依据它们之间的关系，分别采用草图工具中的转换实体引用和等距实体工具快速完成。最终生成的四个草图如图 1.10（d）所示。

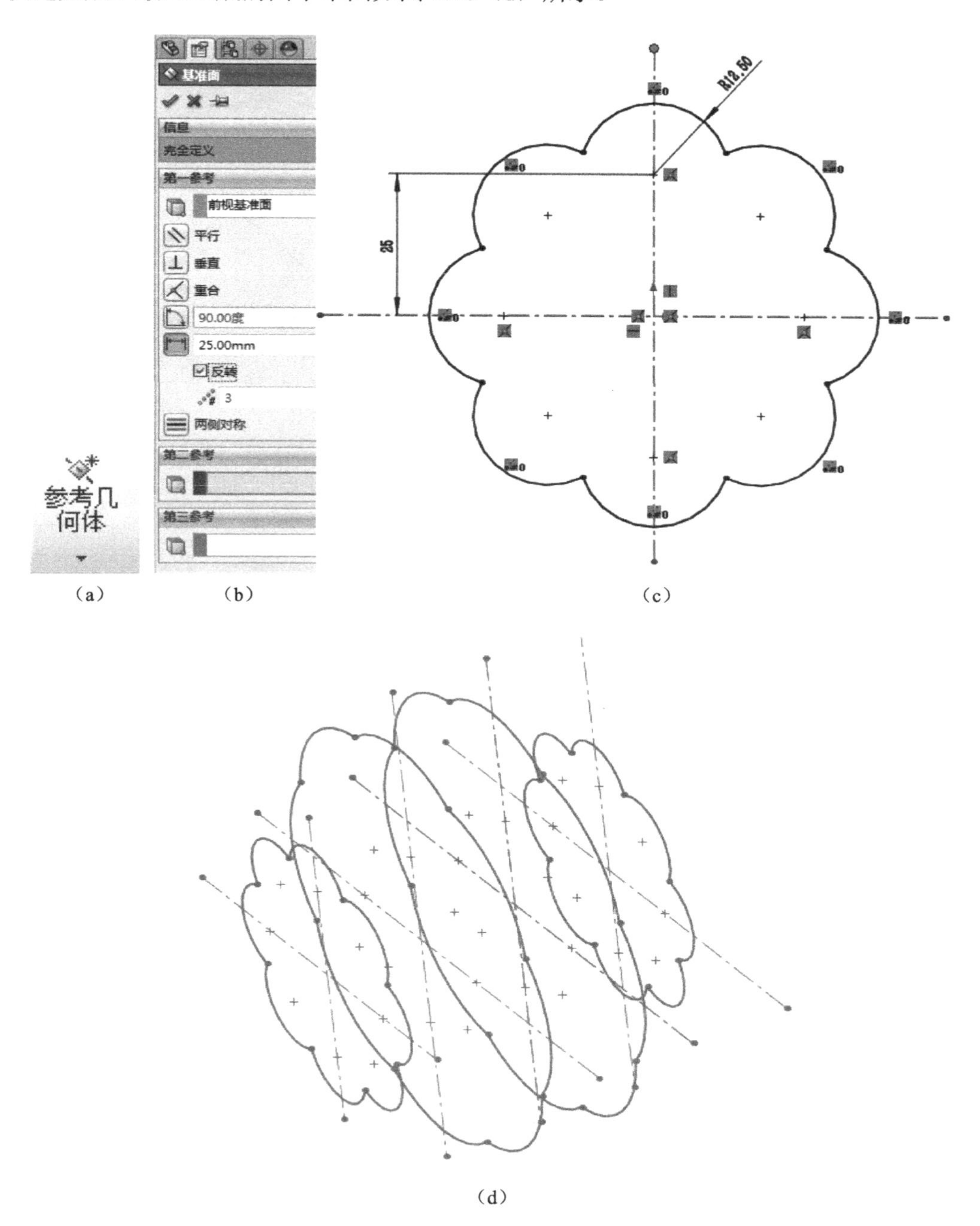

图 1.10　放样特征造型的草图

选择“特征”工具栏中的“放样凸台/基体”特征，按照图 1.11 所示依次选择四个草图上的点，就可以完成基本放样造型。改变草图上点的选取就可以改变模型的形状。

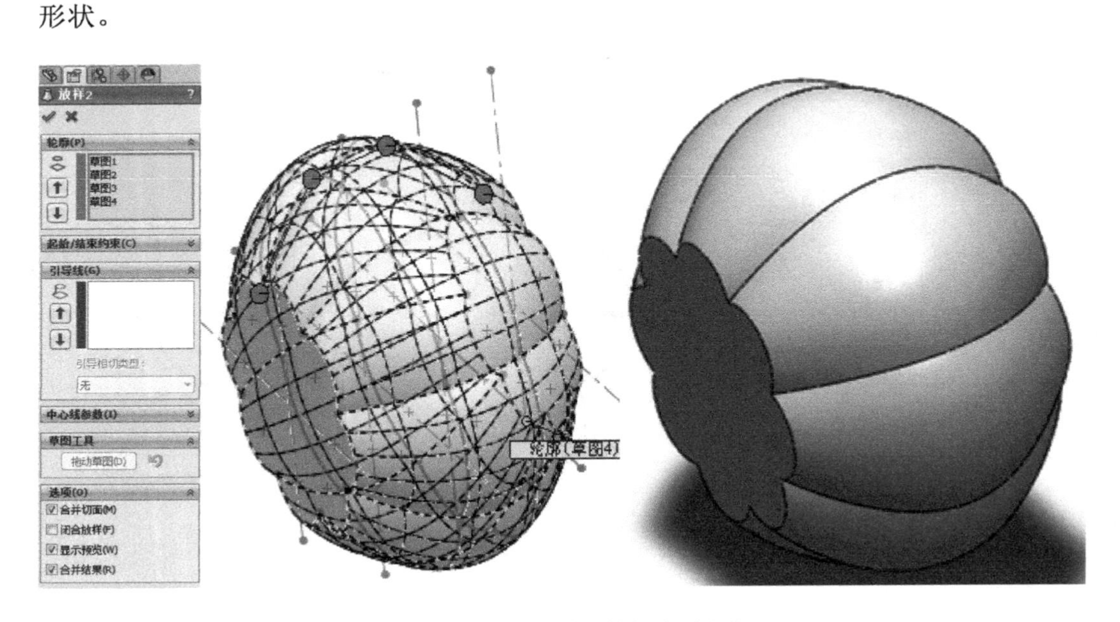

图 1.11 放样凸台/基体特征造型的草图

1.7 齿轮的造型

齿轮的造型特征在本质上属于拉伸特征，其造型关键在于草图的绘制。齿廓是渐开线，通过该齿轮的造型实验可以学习一种列表曲线的绘制方法。

用列表曲线表示的离散的齿廓渐开线如图 1.12（b）所示。在 SolidWorks 造型环境中选择“曲线”特征，在列出的曲线特征中选择“通过 XYZ 点的曲线”[见图 1.12（a）]。在图 1.12（c）所示对话框中双击对应表格，从而激活数据输入，将图 1.12（b）所示的坐标值依次准确输入。单击“另存为”按钮保存曲线，然后单击“插入”按钮，软件将在造型界面中自动生成齿廓渐开线曲线。

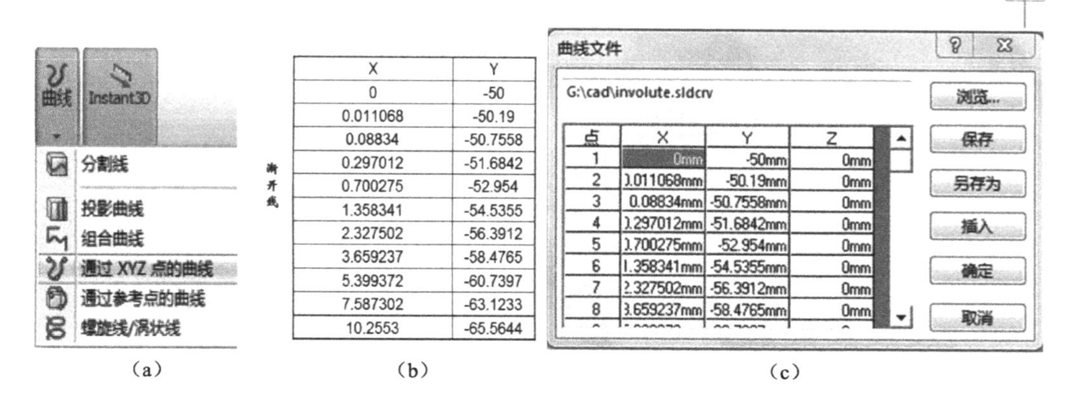

X	Y
0	-50
0.011068	-50.19
0.08834	-50.7558
0.297012	-51.6842
0.700275	-52.954
1.358341	-54.5355
2.327502	-56.3912
3.659237	-58.4765
5.399372	-60.7397
7.587302	-63.1233
10.2553	-65.5644

点	X	Y	Z
1	0mm	-50mm	0mm
2	0.011068mm	-50.19mm	0mm
3	0.08834mm	-50.7558mm	0mm
4	0.297012mm	-51.6842mm	0mm
5	0.700275mm	-52.954mm	0mm
6	1.358341mm	-54.5355mm	0mm
7	2.327502mm	-56.3912mm	0mm
8	3.659237mm	-58.4765mm	0mm

（a）　　（b）　　（c）

图 1.12　齿廓渐开线参数及录入

选择前视基准面绘制图 1.13（a）所示的草图，齿根的圆角半径如图 1.13（b）所示。在草图绘制中关键的一步是需要用到转换实体引用工具，将前面绘制好的齿廓渐开线转换成草图中的渐开线。首先完成其中一个完整的齿的绘制，然后采用草图工具中的圆周阵列工具对一个齿的草图做圆周阵列，阵列的个数为 23 个。完成的草图如图 1.14（a）所示。

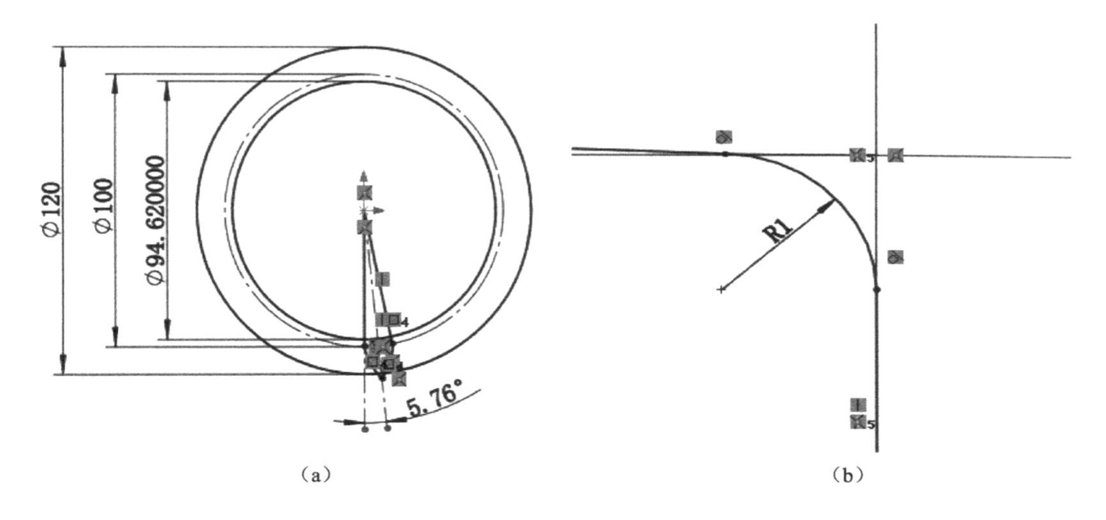

（a）　　（b）

图 1.13　齿轮基圆和齿根圆参数

退出草图的绘制，采用拉伸特征完成齿轮毛坯的造型，终止条件选择“给定深度”，拉伸的深度可以根据设计者的意图来确定。

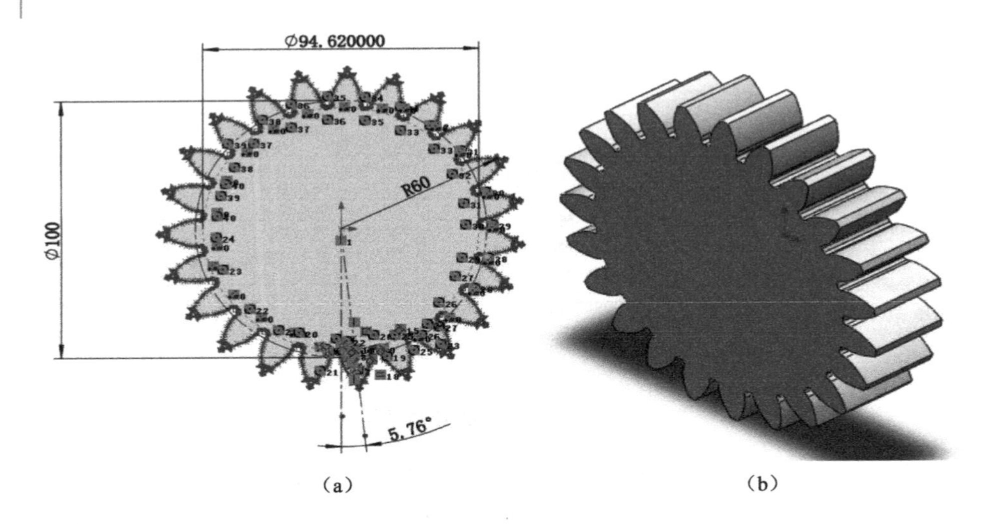

(a) (b)

图 1.14 完整的齿轮草图和造型

1.8 高尔夫球的造型

通过绘制高尔夫球的造型主要学习如何对一个特征做圆周阵列，以及具有对称特征的零件如何合理运用镜向特征。由于在特征阵列的运用过程中，基准轴的选择非常关键，所以，在本次造型中需要学习基准轴的构建和运用。基准轴可以直接选择草图中的构造线，也可以通过参考几何体中基准轴的构建来生成恰当的基准轴。绘制高尔夫球造型的详细步骤如下所述。

第一步：完成高尔夫球基体的造型。由于高尔夫球设计采用的是英制单位，所以，首先需要按照 1.4 节所学的单位的修改方法将单位由公制改为英制，然后选择前视基准面完成图 1.15（a）所示的草图的绘制。要确保该草图中圆心和基准面的原点重合。保存并退出草图，在特征工具栏中选择“旋转凸台/基体”特征，并完成高尔夫球的三维造型。

第二步：完成顶部凹坑的造型。凹坑属于一个旋转除料特征。首先需要绘制凹坑的草图，然后选择前视基准面绘制图 1.15（b）所示草图，并完全定义该草图。保存并退出草图，在“特征”工具栏中选择“旋转切除”特征，在球形基体上切出一个凹坑。

第三步：建立圆周阵列所需要的基准轴。在“特征”工具栏中选择“参考几何体”，在参考几何体中选择“基准轴”。在“基准轴”对话框中选择“两平面”的交线建立基准轴。首先，建立由“前视基准面”和“上视基准面”的交线生成的水平基准轴 1。其次，采用同样的方法建立由“前视基准面”和“右视基准面”的交线生成的垂直基准轴 2［见图 1.16（a）］。

第四步：完成凹坑特征的阵列。阵列有两个方向：关于水平基准轴 1 的阵列和关于垂直基准轴 2 的阵列。首先将第二步得到的“顶部凹坑”对水平基准轴 1 做圆周阵列，个数永远是 2，角度是 7 的倍数［见图 1.16（c）］；然后将该“阵列特征”关于垂直基准轴 2 做圆周阵列，个数是 7 的倍数［见图 1.16（d）］。

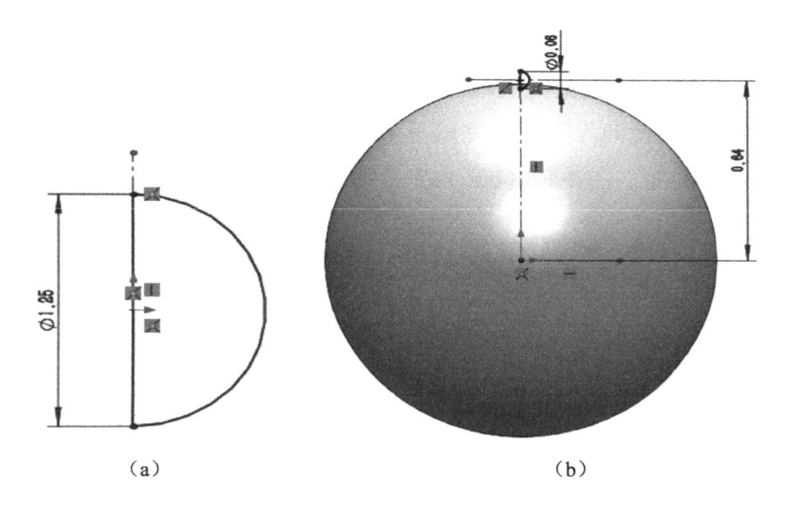

图 1.15　高尔夫球基本草图

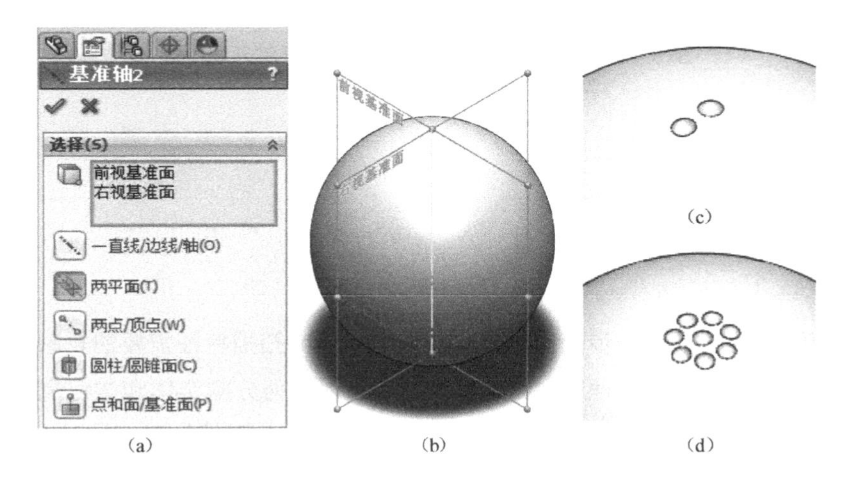

图 1.16　基准轴的构建和两个方向上的阵列

凹坑的分布是非常有规律的，是反复关于水平基准轴 1 和垂直基准轴 2 做圆周阵列得到的。其顺序是先做相对于水平基准轴 1 的圆周阵列后，再做相对于垂直基准轴 2 的圆周阵列。“顶部凹坑”关于水平基准轴 1 阵列的度数和“阵列特征”关于垂直基准轴 2 阵列的个数满足下列关系：

- 7°，7 个。
- 14°，14 个。
- 21°，21 个；28°，28 个；…；84°，84 个。
- 90°，90 个。

上半球的阵列结果如图 1.17（a）所示。由于下半球的特征具有对称性，所以采用“特征”工具栏中的“镜向”特征来完成下半球特征的造型。在进行“镜向”时，对称基准面选择上视基准面。图 1.17（b）为完整的高尔夫球造型。

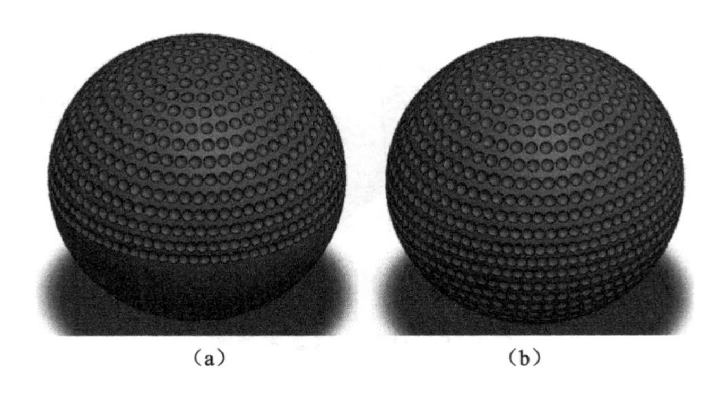

（a）　　（b）

图 1.17　上半球的阵列结果和完整的高尔夫球造型

1.9　太极图的造型

通过太极图的造型进一步强化对完全定义的草图、扫描特征需要的轮廓草图、路径草图和引导线草图等概念的理解。在此基础上，学习如何分割实体和如何复制实体。此外，初步学习曲面造型中关于如何采用模型的边界构建曲面的知识。

首先，选择前视基准面绘制图 1.18（a）所示的草图 1，在这个草图中只有一个尺寸约束，其他都是几何约束，而且这个草图实现了完全定义。其次，选择上视基准面绘制图 1.18（b）所示的草图 2，在这个草图上只有两个几何元素，其中的直线是中心线。完全定义这个草图的关键在于几何约束，不可以添加任何尺寸约束。

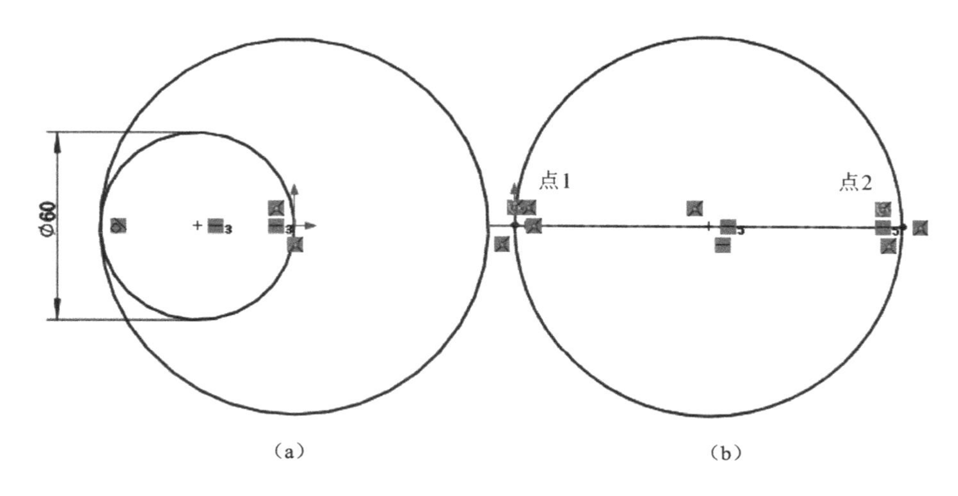

图 1.18　太极图造型的两个基本草图

图 1.18（b）中的几何约束定义包括：中心线的起点（点 1）必须和基准面的原点重合，圆也必须经过原点，圆心在中心线的中点；此外，增加两个穿透点约束用于确保图 1.18（b）中的圆和图 1.18（a）中的两个圆相交，这时图 1.8（b）中的草图就可实现完全定义。

为了便于穿透点的定义，在操作时可以先将如图 1.18（b）所示的草图由正视转换成轴侧的方式，然后在选择点 1 的同时按下“Ctrl”键再选择图 1.18（a）中 ϕ60 的圆，在弹出的对话框中定义点 1 和 ϕ60 圆的重合点为穿透点。采用同样的方法，在选择点 2 的同时按下“Ctrl”键再选择图 1.18（a）中的大圆，定义点 2 和大圆的重合点为穿透点。穿透点的定义确保了点 1、点 2 和所选圆的重合，这为后续的扫描造型的成功提供了保障。

在“特征”工具栏中选择“扫描”特征，然后在弹出的对话框中进行图 1.19 中的设置。扫描轮廓选择上视基准面中的草图 2［见图 1.18（b）］，扫描路径选择草图 1 中的 ϕ60 的圆［见图 1.18（a）］，引导线则选择草图 1 中的大圆［见图 1.18（a）］。这样，就可以成功完成轮廓草图在路径和引导线驱使下的扫描体了（见图 1.19）。

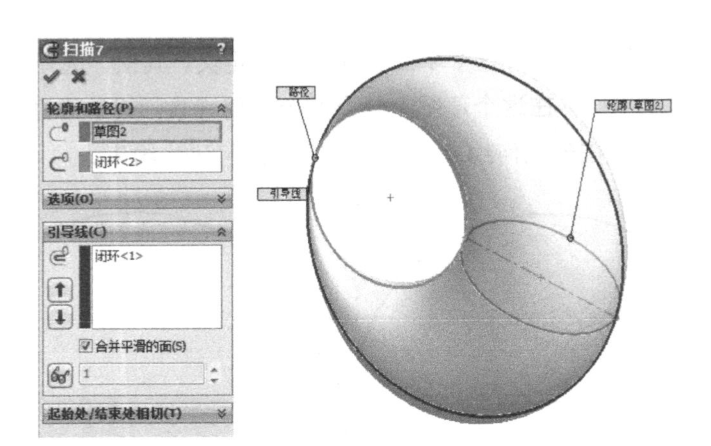

图 1.19　通过路径和引导线的扫描

太极图造型的基本扫描体成功后，在“插入”菜单下的“特征”子菜单中选取“分割实体”工具。在分割实体操作时首先需要选择一个分割基准面，在此应该选择上视基准面。按照图 1.20（a）所示完成设置。单击“切除零件”按钮，模型就被上视基准面一分为二。列表框中列出两个分割后的实体，勾选需要切除的部分，同时勾选“消耗切除实体”复选框。本例中选择消耗掉上半部分实体，其结果如图 1.20（b）所示。

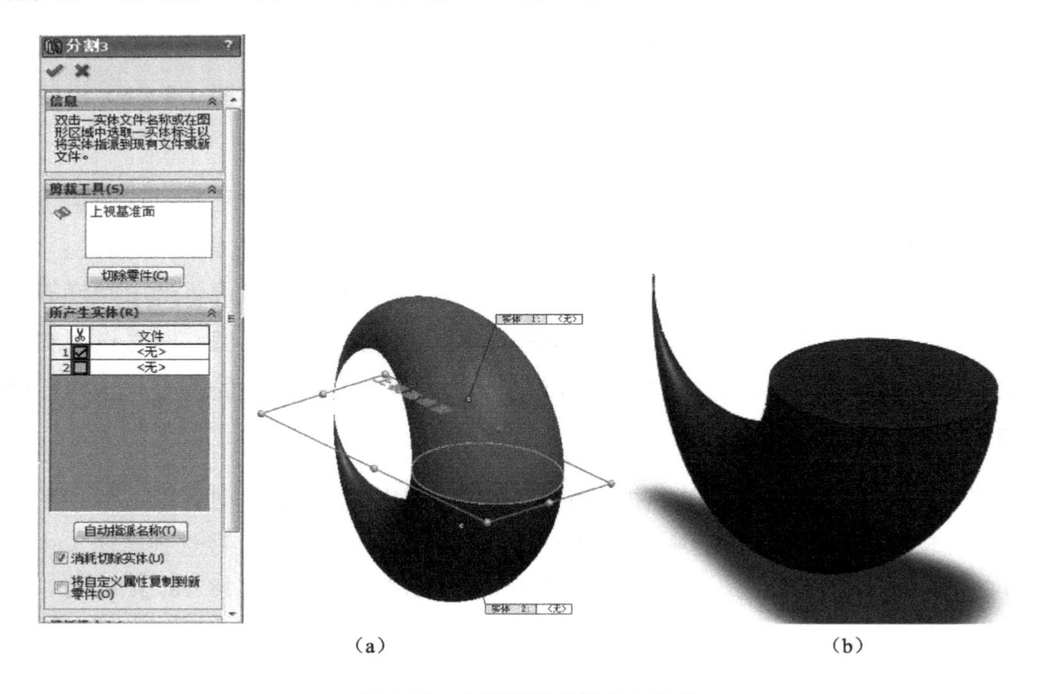

图 1.20　分割特征的运用和结果

选择前视基准面绘制图 1.21 所示的草图，运用旋转基体特征完成半球的造型。至此，就完成了太极图基体造型的一半。

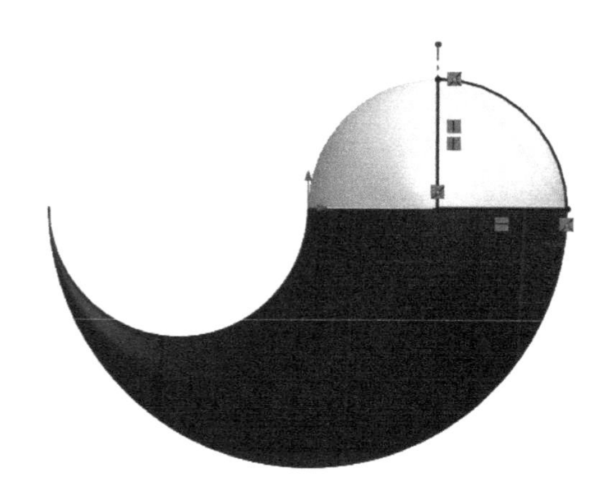

图 1.21　球形的草图和造型

在“插入”菜单的“特征”子菜单中选择“移动/复制实体”工具，按照图 1.22 所示进行设置。这里的关键点包括：第一，一定要勾选“复制”复选框，这样确保会同时显示原实体和复制的实体；第二，需要输入复制的数量，本实例输入数量为 1；第三，这是一个旋转复制，旋转复制必须有旋转中心。由于在草图绘制和基体造型时，已经充分考虑到这一点，所有草图绘制都是以坐标原点为基准的，所以，这里的旋转中心是坐标原点，在展开的右边的实体造型树中选择“原点”；第四，输入旋转的角度，本实例是绕 Z 轴旋转 180°，因此，在 Z 轴角度框中输入 180°；第五，单击“确定”按钮完成旋转复制。为了造型的清晰和美观，可以通过渲染将两个实体分别渲染成白色和黑色。

建模的最后一步就是完成太极眼的造型。选择前视基准面绘制图 1.23（a）所示的太极眼草图，然后在“特征”工具栏中选择“拉伸切除”特征，终止条件在两个方向上都选择“完全贯穿”。

如图 1.23（b）所示，选择“插入”→“曲面”→“边界曲面”命令。为了便于边界曲线的选择可以旋转模型来调整角度，并选择其中一个太极眼的上边界线和下边界线。当界面中出现图 1.23（c）所示的类似于井字形图案时，表示边界选择成功，这时在造型表面生成了一个由两条边界线构成的曲面。其他三个曲面可以采用同样的方法生成。完成后单击“渲染”按钮来为曲面渲染黑白两种颜色。至此，就完成了太极图的造型。

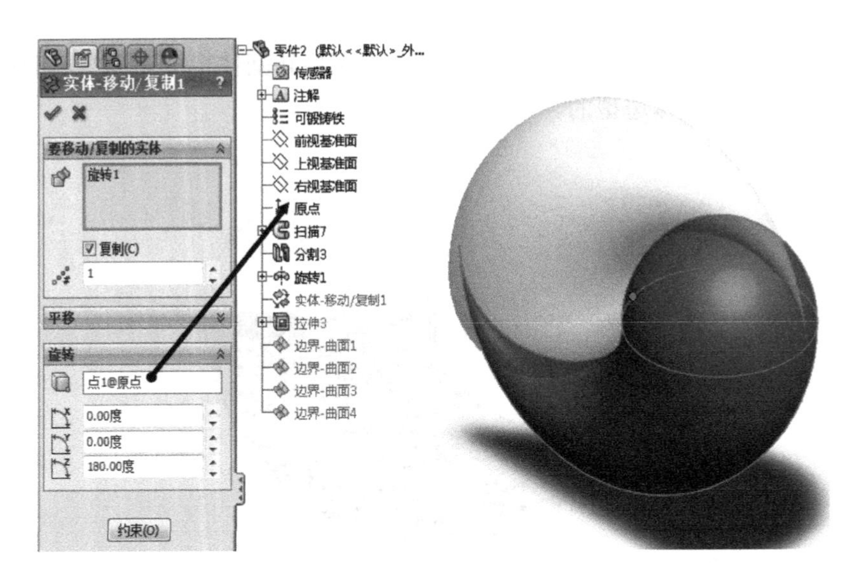

图 1.22 复制实体

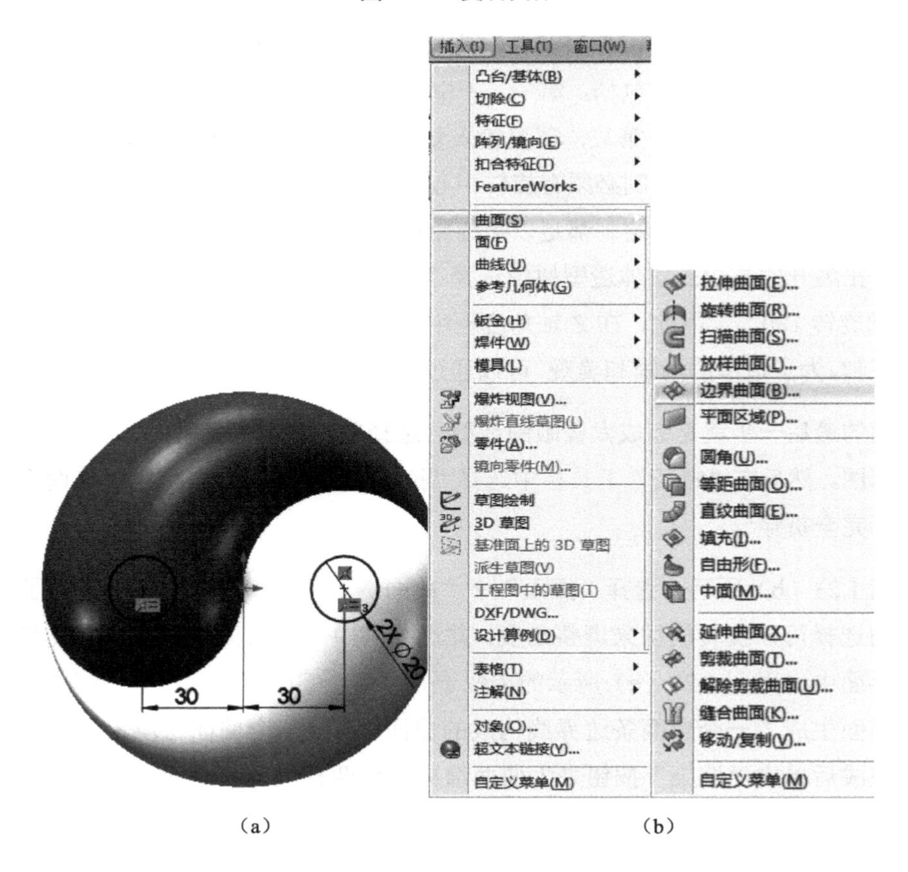

（a） （b）

图 1.23 太极眼草图和边界曲面

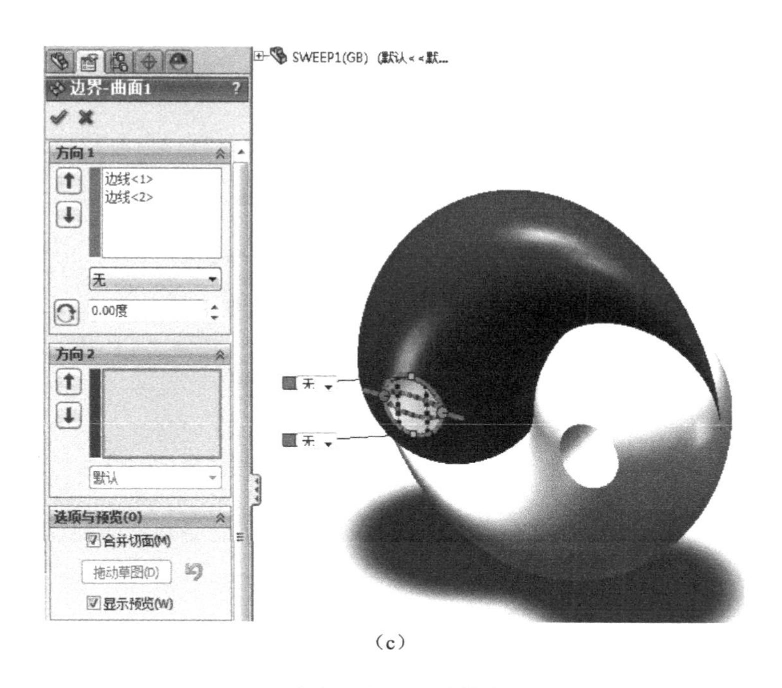

（c）

图 1.23　太极眼草图和边界曲面（续）

1.10　框架的造型

通过绘制框架的造型学习如何通过 3D 草图构建框架的路径，并学习采用扫描的方式生成框架实体造型的方法。

第一步：绘制路径草图。考虑到该结构件的框架是个空间结构，因此，路径也是三维空间的，这里选择 3D 草图工具来绘制路径是最恰当的。

在草图绘制工具栏中选择“3D 草图”，进入绘制界面后将视图转换为轴侧方式显示。选择草图绘制工具中的直线工具绘制直线，系统默认是从 XY 平面开始绘制的，通过按“Tab” 键可以实现平面间的切换。

在 XY 平面内绘制沿 X 轴的直线，该直线的起始点和坐标原点重合。在绘制路径草图时要注意切换到正确的平面中绘制相应的沿坐标轴的直线。圆弧则都采用圆角工具来绘制。定义草图时，除了用到图 1.24 所示的尺寸约束，还需要用到平行、相等、沿 X 轴、沿 Y 轴和沿 Z 轴等几何约束才可以实现草图的完全定义。在图 1.24 中沿 Z 轴的直线只有一条，且尺寸为 240mm。完成后保存并退出草图。至此，完成了框架的 3D 草图，如图 1.24 所示。

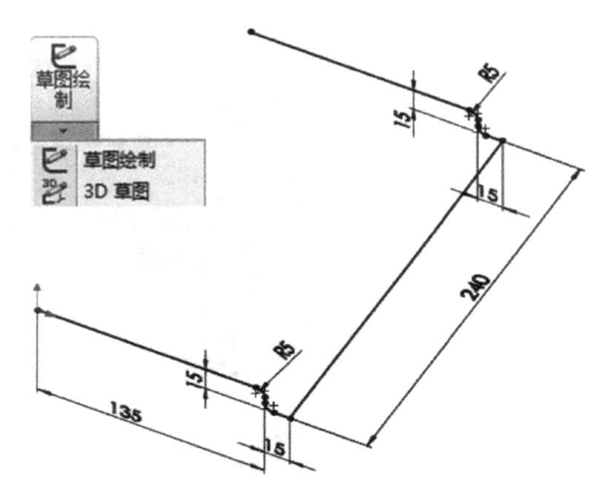

图 1.24　框架的 3D 草图

第二步：绘制扫描轮廓草图。由于扫描轮廓草图所在平面必须和路径的起点相垂直，所以要选择右视基准面作为草绘平面。在右视基准面中绘制图 1.25（a）所示的草图。在草图中，圆心必须和坐标原点重合。

第三步：完成框架造型。在“特征”工具栏中选择“扫描”特征，在对话框中依次选择对应的草图，以图 1.25（a）为轮廓，图 1.24 中的 3D 草图为路径完成扫描，其结果如图 1.25（b）所示。至此，完成了一半主框架的造型。

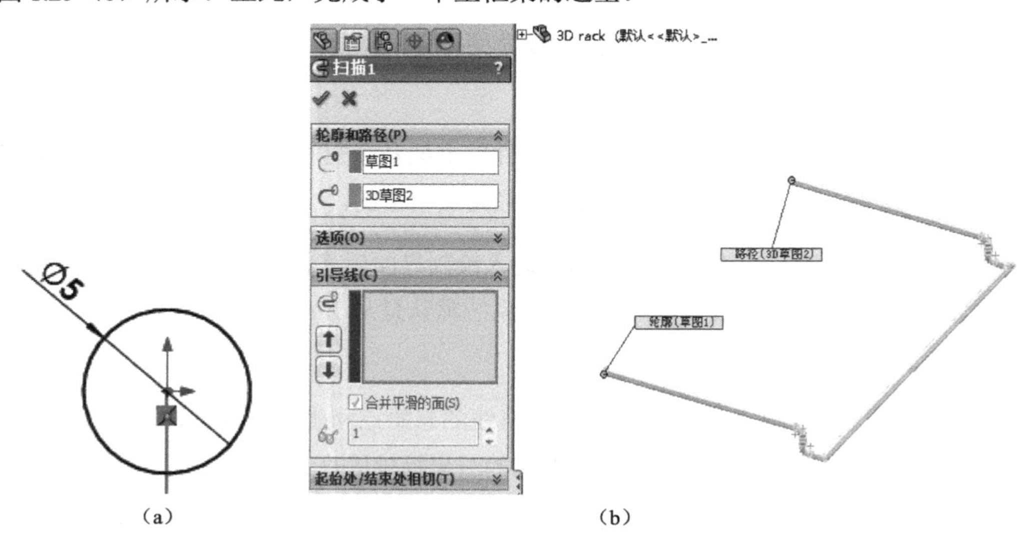

（a）　　　　　　　　　　（b）

图 1.25　框架的基本轮廓草图和扫描实体

第四步：实现横梁的造型。首先，选择前视基准面作为草绘平面，并绘制图 1.26（a）所示的草图。其次，选择拉伸基体特征完成横梁拉伸体的造型，在本次造型中终止条件应选择“成形到一面”，同时选取框架的底端实体表面［见图 1.26（b）］，这样可以完成一根横梁的造型［见图 1.26（b）］。

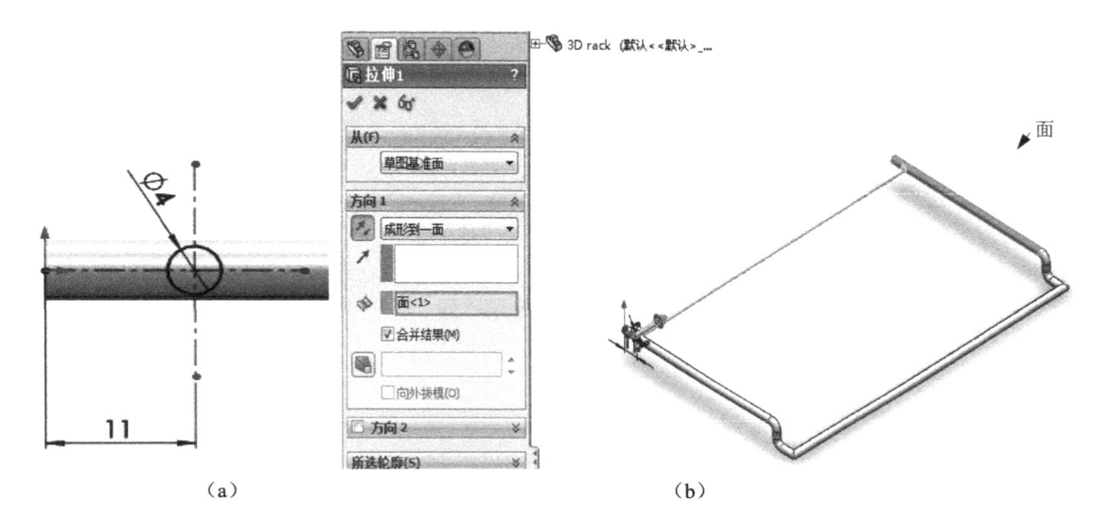

（a）　　　　（b）

图 1.26　框架横梁轮廓草图和框架拉伸体

在框架上的横梁有多个，而且通常都是均匀分布的。这样的特点非常适合运用特征的线性阵列来实现，关键在于要设置好阵列的数量及横梁之间的间距。本实例中数量为 6，间距为 22mm。在线性阵列时需要设定阵列的方向，本实例中线性阵列是沿着主框架进行的，而主框架是圆柱体，因此，可以运用临时轴设定阵列方向。首先在“视图”菜单中选择“显示临时轴”，然后按照图 1.27 所示设置并完成线性阵列。至此，整个框架的造型就完成了一半。

由于整个框架具有对称性，所以，另一半的造型可以采用镜向特征来实现。镜向特征在造型中最关键的是选择镜向的对称面，本实例中镜向的对称面是右视基准面。

在“特征”工具栏中选择“镜向”特征，选择“右视基准面”为基准面，镜向的实体选择扫描框架和阵列的横梁，选择的界面如图 1.28（a）所示。完整框架的造型如图 1.28（b）所示。

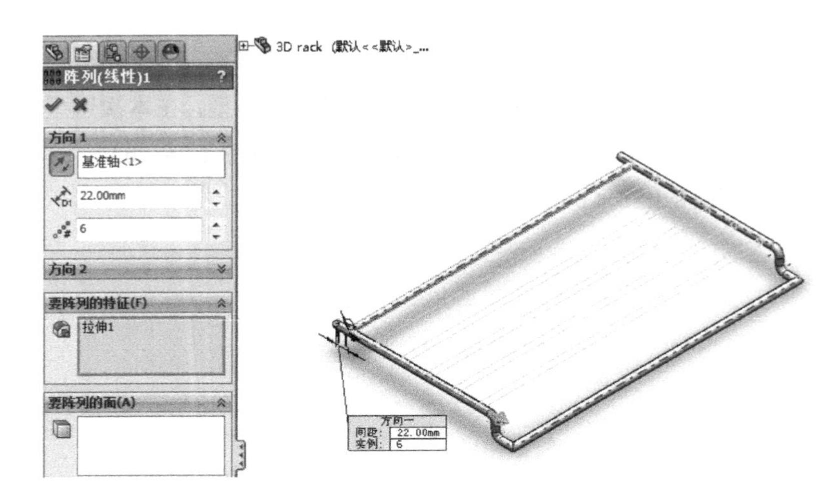

图 1.27 框架横梁阵列

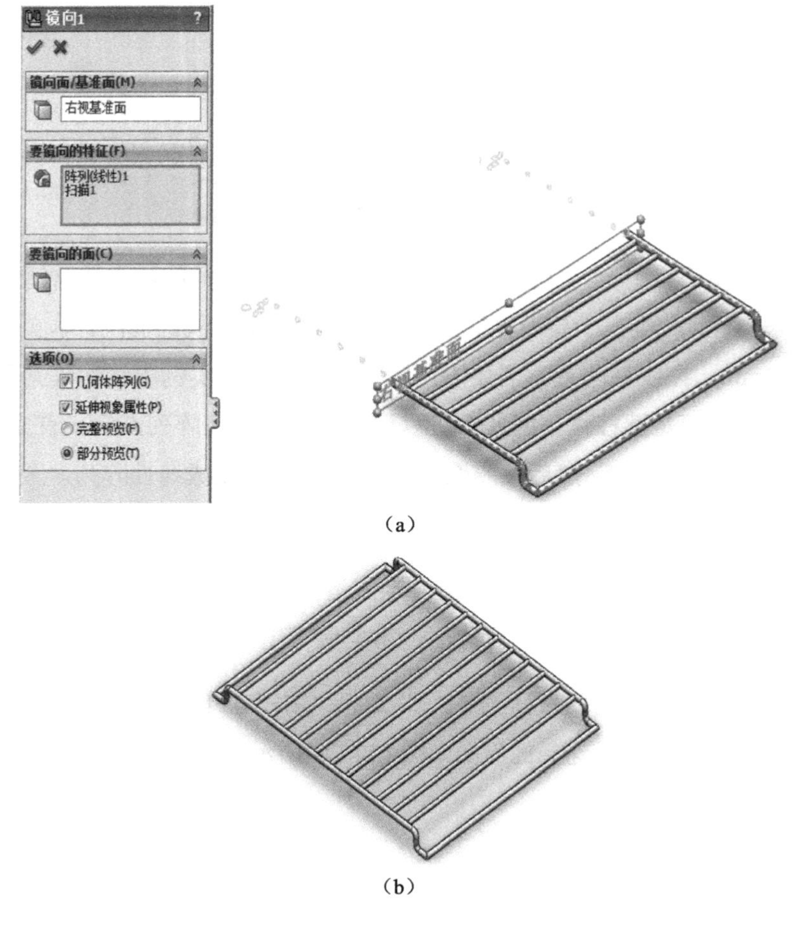

（a）

（b）

图 1.28 框架横梁镜向及最终造型

1.11　书立架的造型

钣金件具有重量轻、强度高、导电（能够用于电磁屏蔽）、成本低、大规模量产性能好等特点，在电子电器、通信、汽车工业、医疗器械等领域得到了广泛应用。例如，在电脑主机、手机、MP3 中，钣金件是必不可少的组成部分。随着钣金的应用越来越广泛，钣金件的设计变成了产品开发过程中很重要的一环。机械工程师必须熟练掌握钣金件的设计技巧，使得设计的钣金件既能满足产品的功能和外观等要求，又能让冲压模具制造简单、成本低。

通过学习书立架的造型帮助学生初步了解钣金件造型的基本方法。

第一步：完成基体法兰的制作。首先，选择上视基准面作为草绘平面，绘制图 1.29（a）所示的草图，中心线通过基准面的坐标原点。此外，要定义图形关于中心线的对称几何关系，按照图 1.29（a）所示完全定义草图。其次，单击图 1.29（b）所示的钣金工具栏中的“基体法兰/薄片”按钮，在参数对话框中输入厚度为 2mm，生成图 1.29（c）所示的书立架基体。

第二步：绘制折弯的草图。选择书立架基体［见图 1.29（c）］的上表面作为草绘平面，绘制图 1.30（a）所示的草图。草图的中心线必须通过坐标原点，并使草图关于中心线对称，按图 1.30（a）中的草图用尺寸约束和几何约束完全定义草图。保存并退出草图，在“特征”工具栏中选择“拉伸切除”特征，选择“完全贯穿”作为终止条件，拉伸切除结果如图 1.30（b）所示。

第三步：完成折弯线的绘制。选择图 1.30（b）所示实体的上表面作为草图基准面，绘制图 1.31（a）所示的草图，其特点是轮廓不构成闭环。该草图的绘制是为了后续采用钣金工具中的“绘制的折弯”这个工具所准备的。图 1.31（b）为“绘制的折弯”工具对话框及选择的固定面，软件会自动沿图 1.31（a）中的草图的折弯线生成所需要的折弯，最终得到图 1.31（c）所示的书立架造型。

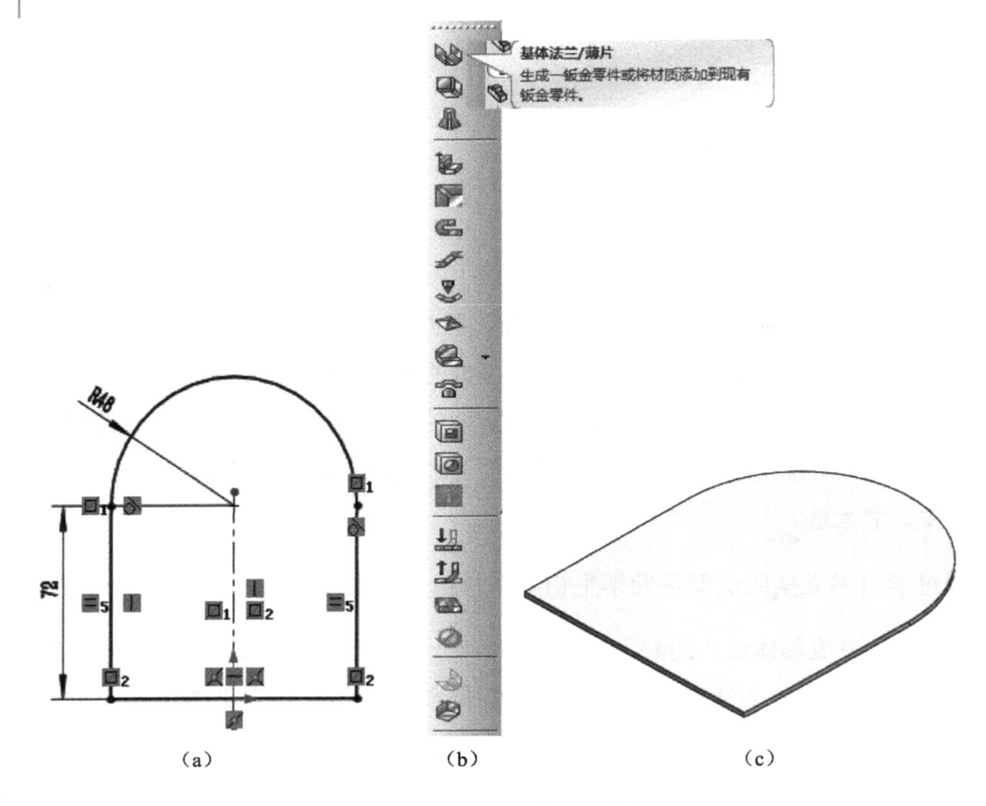

（a） （b） （c）

图 1.29 书立架草图和基体

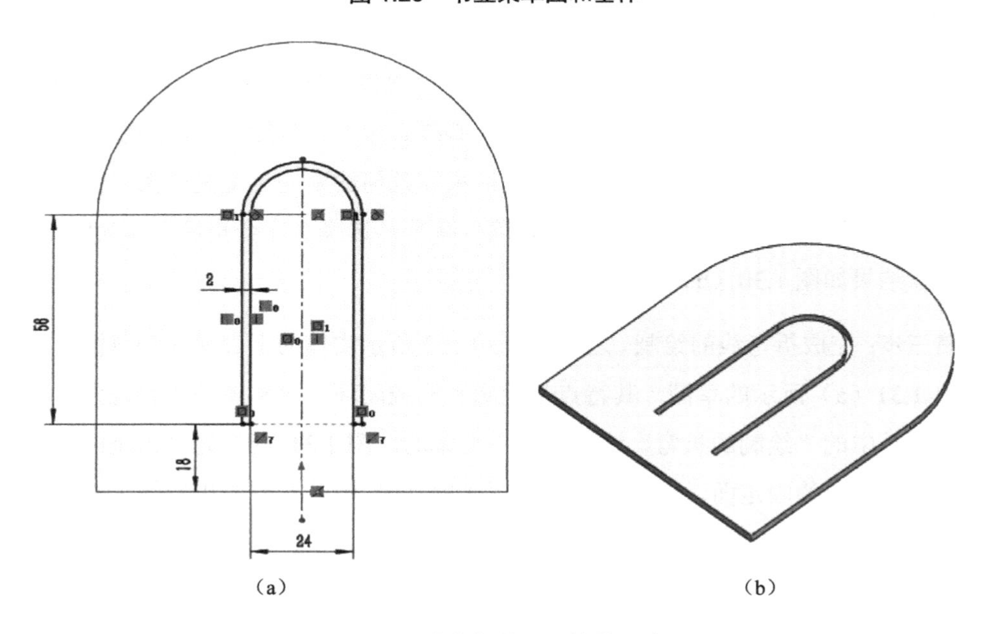

（a） （b）

图 1.30 书立架草图及拉伸切除

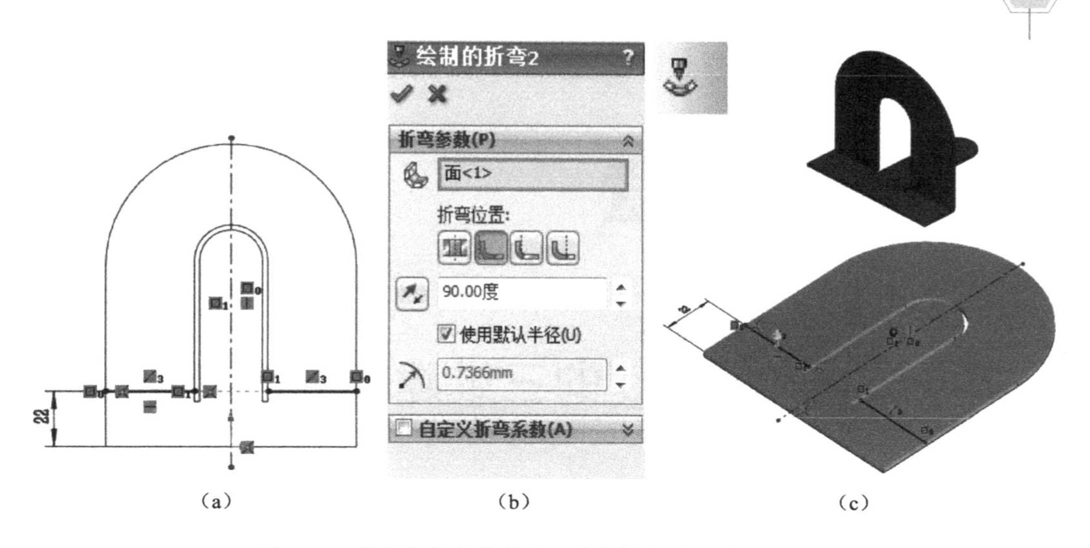

（a）　（b）　（c）

图 1.31　书立架折弯线草图、绘制的折弯和书立架造型

第 2 章

基于 SolidWorks 的三维建模综合技术实验

通过第 1 章的实验训练学生熟悉 SolidWorks 的建模环境，掌握草图的绘制及定义方式，初步实践基本特征和造型方法。本章实验内容的设计旨在进一步巩固和拓展学生对造型功能的运用，并训练和加强学生的以下几种能力。

- 对工程图的阅读和分析能力。
- 复杂曲面的造型能力。
- 组合功能的运用能力。
- 复杂结构件的造型能力。
- 复杂零件的造型能力。

2.1 减速器上盖的三维造型

减速器上盖的三视图如图 2.1 所示。在机械零件的设计中，减速器上盖是具有代表性的零件之一。认真分析该零件的结构特点，设计者必须完成的关键一步是思考可以通过哪些基本的造型工具完成这个零件的最终造型。通过分析图 2.1 中的三视图，推荐考虑采用下列步骤和一系列特征来完成减速器上盖的三维造型。

- 拉伸实体：推荐选择前视基准面作为草绘平面，阅读并分析图 2.1 中的主视图和 A-A 剖视图，完成草图的正确绘制。通过分析图 2.1 中的俯视图可以确定两侧对称拉伸基体的深度。
- 拉伸切除：可以继续选择前视基准面作为草绘平面，绘制半径分别为 R60 和 R70 的圆的草图。然后，完成两侧对称、完全贯穿的拉伸切除。
- 镜向：首先完成图 2.1 侧视图中右侧凸台的造型。由侧视图可知，两个凸台是关于前视基准面对称的。因此，可以选择前视基准面作为对称面，然后对该凸台进行镜向操作，从而完成左侧凸台的造型。
- 圆角：从图 2.1 中的俯视图可知，底座的棱都进行了倒圆角。这里是选择“特征”工具栏中的“圆角”特征，选择底座的四条棱边，输入半径 30mm 得到的。
- 抽壳：在完成上述造型后，可以采用“特征”工具栏中的“抽壳”特征进行抽壳，这时需要选择底面为开敞面，壳体的壁厚为 10mm。
- 筋：加强筋是机械零件中经常出现的一个特征，SolidWorks 专门提供了这样一个特征工具。运用筋特征来做加强筋和运用拉伸特征来做加强筋的区别在于，在生成剖视图时，如果采用的是筋特征，则系统会自动识别，且在筋上不添加剖面线。由图 2.1 中的主视图和 A-A 剖视图可知，加强筋是定义在前视基准面中的。首先选择前视基准面作为草绘平面，并绘制加强筋的草图，然后用筋特征完成加强筋的造型。加强筋的草图只需要画一条可以是开环的斜线。最后采用图 2.2（b）所示的界面，对加强筋的厚度以及拉伸方向进行设置，软件依据草图和设置自动完成加强筋的造型。
- 异型孔：图 2.1 所示俯视图中底座的孔可以采用特征工具中的异形孔特征进行造型。异形孔特征是 SolidWorks 中的一个特殊的特征，它可以方便并简化各种孔的造型。本次异形孔造型中，按照图 2.2（a）所示单击“类型”标签，进入界面后在“孔类型”列表框中选择“沉头孔”，再依次进行设置，然后单击“位置”标签，在造型界面中选择“点的位置”，软件将根据设置的参数自动完成孔的造型。

图 2.2（c）就是最终完成的减速器上盖的三维造型。

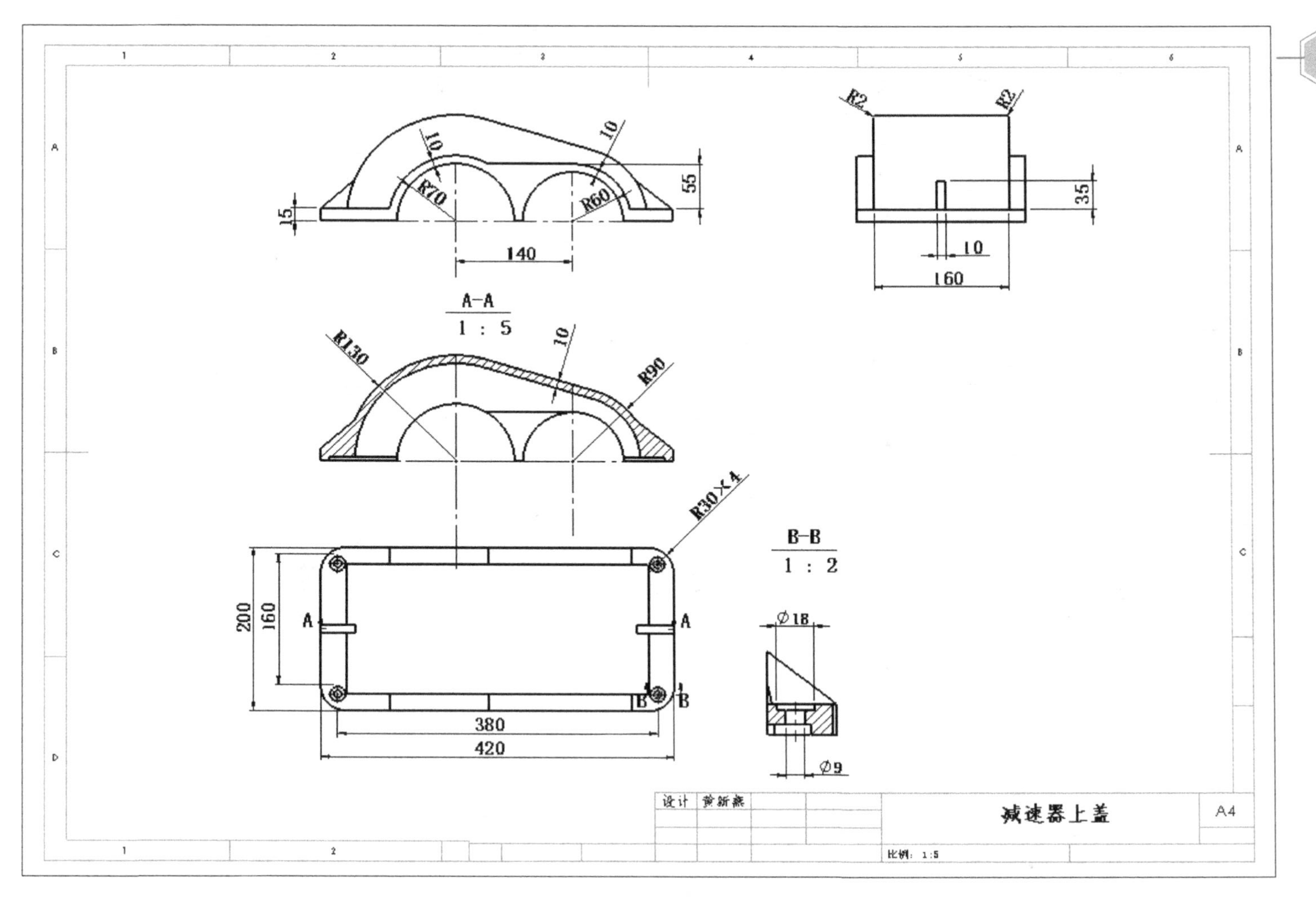

图 2.1 减速器上盖的三视图

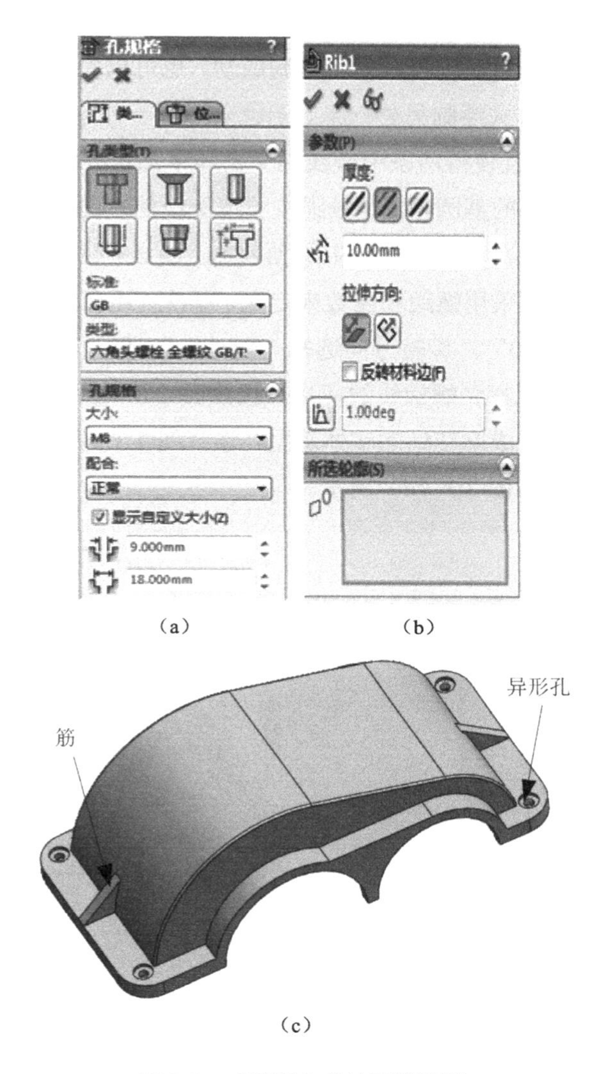

(a)　(b)

(c)

图 2.2　减速器上盖的三维造型

2.2　麻花钻的造型

麻花钻的造型的核心在于两个方面：第一，完全定义的轮廓草图的绘制；第二，作为扫描路径的螺旋线的定义。

图 2.3（a）中的草图是麻花钻的轮廓草图，这个草图具有对称性。随着学生掌握的草图绘制工具的增多，对一个草图的绘制思路和方法也会相应增加。图 2.3（a）中的草

图是定义在前视基准面中的，它可以一次绘制成功，也可以先完成一半草图的绘制，然后用对称或圆周阵列的方式绘制另外一半。无论采用哪一种方法，首先，必须绘制水平和垂直的两条中心线，并且使得两条中心线的交点和草图基准面的坐标原点重合。图 2.3（b）是生成螺旋线所需要的基圆，这个基圆按照螺旋线的方向定义在前视基准面中。螺旋线是一种特殊的曲线，在曲线工具条中单独列出。图 2.3（c）是螺旋线及其定义的对话框。本次设计的螺旋线采用螺距和圈数来定义。其次，还要选择螺旋线的起始角和旋转方向，本次起始角为 90°，旋转方向选择“顺时针”。更改旋转方向和起始角在造型界面中可以非常直观地观察到螺旋线的变化。按照图 2.3（c）完成螺旋线参数的设置。最后，采用扫描特征来完成麻花钻的实体造型，选择图 2.3（a）中的草图为轮廓，螺旋线为路径，其造型结果如图 2.3（d）所示。

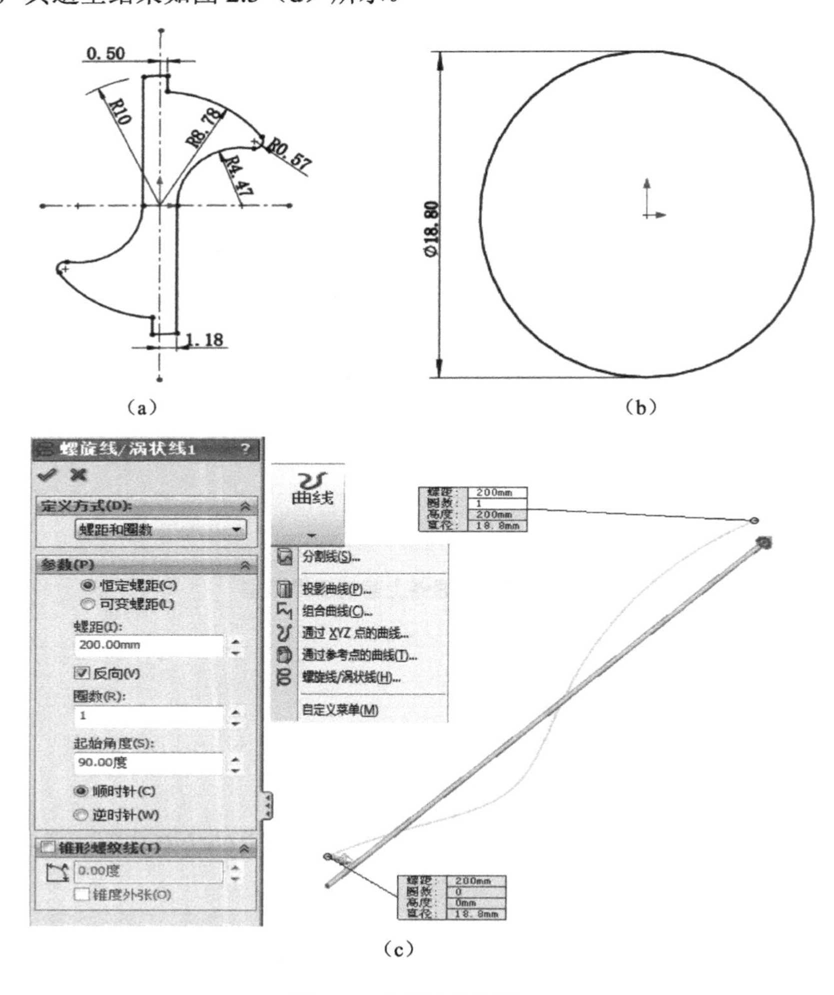

（a）　（b）

（c）

图 2.3　麻花钻的造型

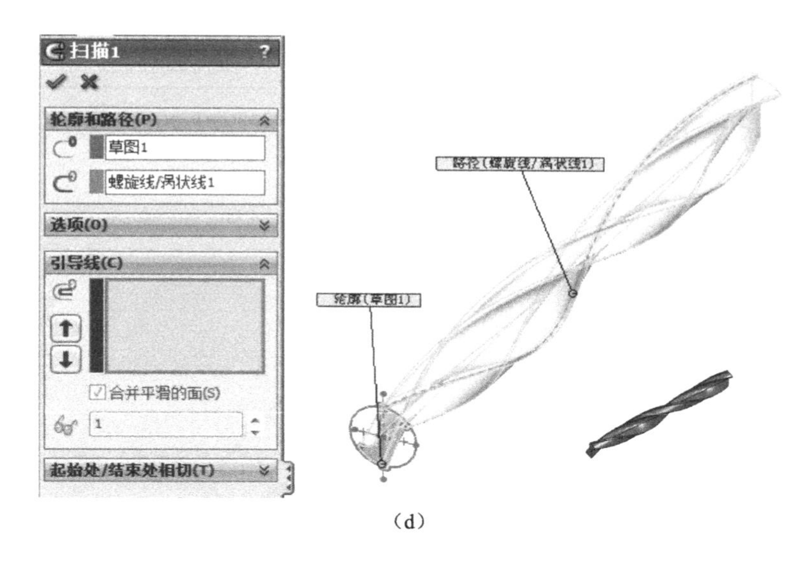

（d）

图 2.3　麻花钻的造型（续）

2.3　六角扳手的造型

六角扳手是一种常用工具（见图 2.4)。通过分析六角扳手的结构发现在六角扳手的造型中需要用到特征工具中的组合功能。组合属于布尔运算，即将两个实体做布尔运算得到一个新的实体。布尔运算有并、交和差三种。在 SolidWorks 中对应的是添加、共同和删除。在六角扳手的造型中将运用两个实体做“交”（共同）的布尔运算。

六角扳手的造型关键所在是两个草图的绘制，即图 2.5（a）和图 2.5（b）的绘制。分析图 2.4 中的各个视图，可以确定需要在前视基准面中绘制图 2.5（a）所示的草图，在上视基准面中绘制图 2.5（b）所示的草图。按照图 2.5（a）和图 2.5（b）采用尺寸约束和几何约束实现对两个草图的完全定义。参考图 2.4 中的尺寸，采用拉伸实体特征得到两个独立的实体，并确保“合并实体”复选框没有勾选。选择“特征”工具栏中的“组合”特征，再选择“共同”[见图 2.5（c)]，这一步是整个造型的关键步骤，通过这一步可以获得手柄。在此基础上，可以参照图 2.4 中的形状和尺寸，运用学过的知识和特征工具完成六角扳手其他特征的造型。

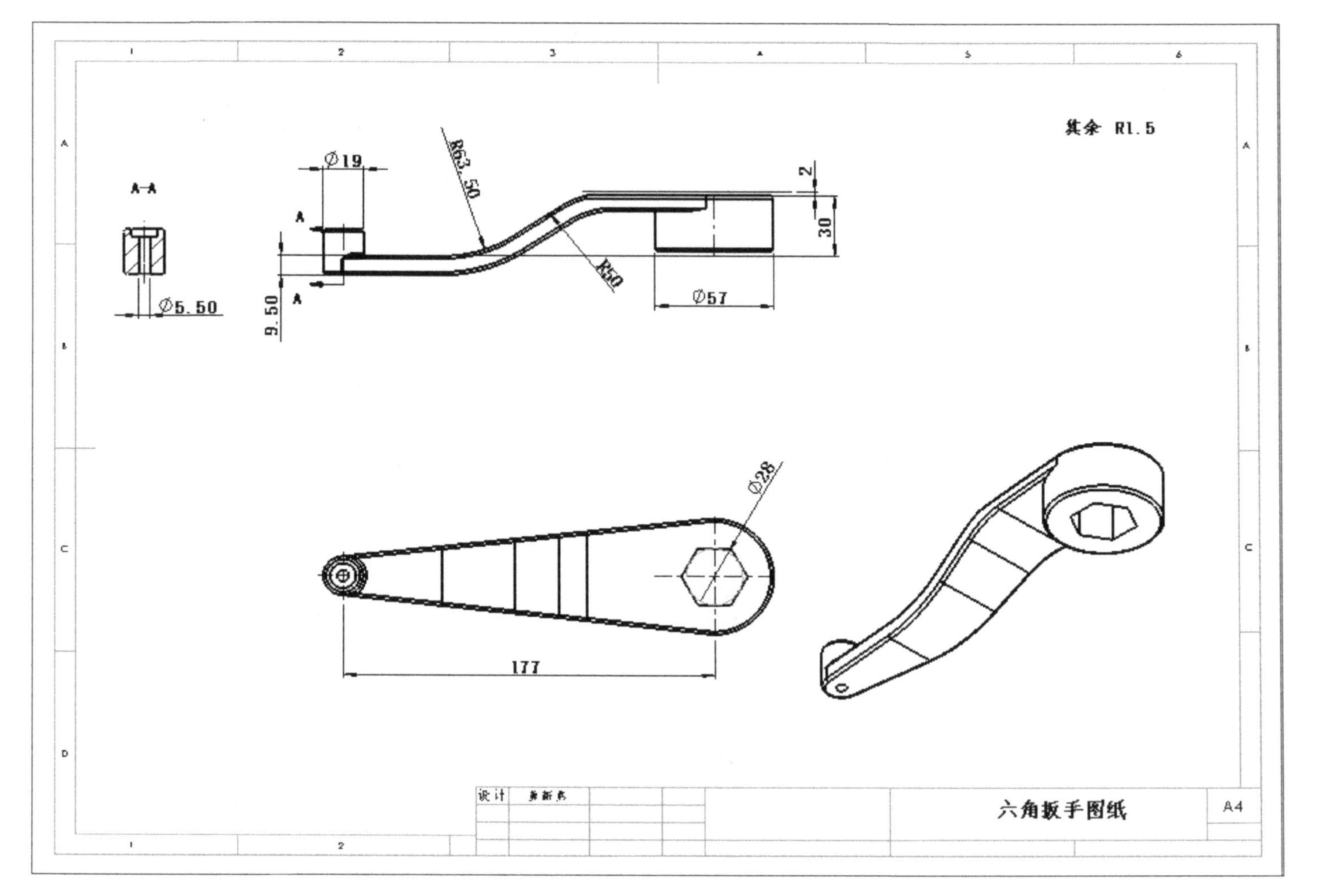

图 2.4　六角扳手工程图

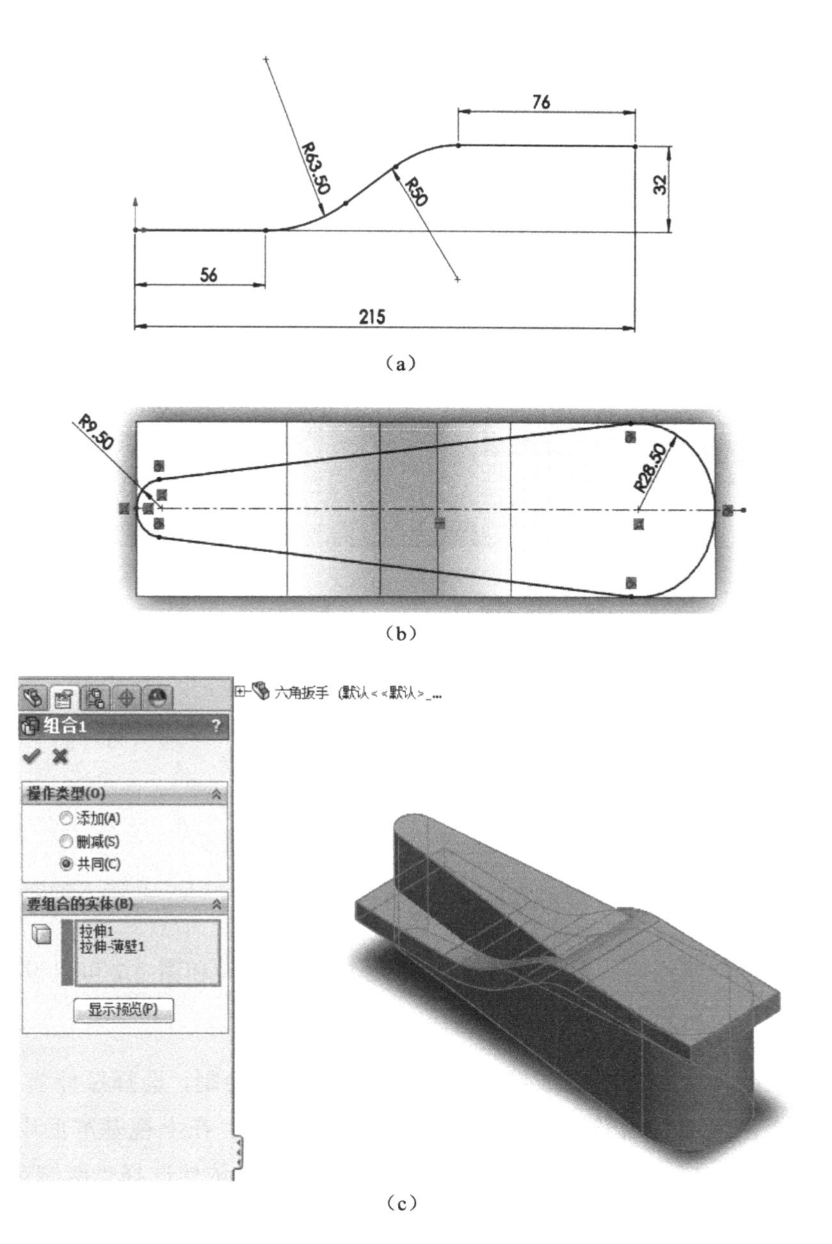

图 2.5　六角扳手的造型

概括而言，六角扳手的造型所采用的特征工具包括拉伸实体特征、组合特征、异形孔特征和圆角特征。

2.4 卡箍的造型

卡箍是管材布线时常用的连接件，由上下两部分组成（见图 2.6）。在对卡箍造型时，可以考虑先将其按照装配关系进行整体造型，然后采用 SolidWorks 中的分割实体特征将其一分为二，得到所需要的两个零件。这种整体造型的方法也属于自上而下的方法，可以有效提高其设计的一致性和效率。

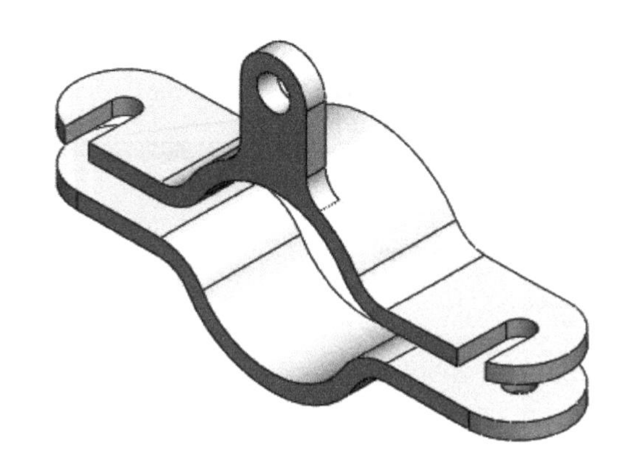

图 2.6 卡箍

完成卡箍造型所需要的草图如图 2.7 所示。依据图 2.6 和图 2.7 可以设计卡箍的造型思路和步骤如下所述。

首先，在前视基准面中完成图 2.7（a）所示草图的绘制，选择拉伸实体特征，终止条件选择“两侧对称”，输入拉伸距离为 30mm。其次，在上视基准面中完成图 2.7（b）所示草图的绘制，继续选择拉伸实体特征，终止条件依然选择“两侧对称”，输入拉伸距离为 60mm，需要注意的是不可以勾选“合并实体”复选框，从而确保得到的是独立的拉伸实体［见图 2.8（a）］。再次，选择“组合”特征，将拉伸得到的两个实体采用组合中的“共同”选项［见图 2.8（a）］完成两个实体交的布尔运算，得到一个合并的实体［见图 2.8（b）］，获得卡箍的雏形。最后，按照图 2.8（c）所示选择“圆角”特征，对上下四条棱线进行倒圆角，圆角半径均为 15mm。至此，卡箍最关键的基体造型就完成了。

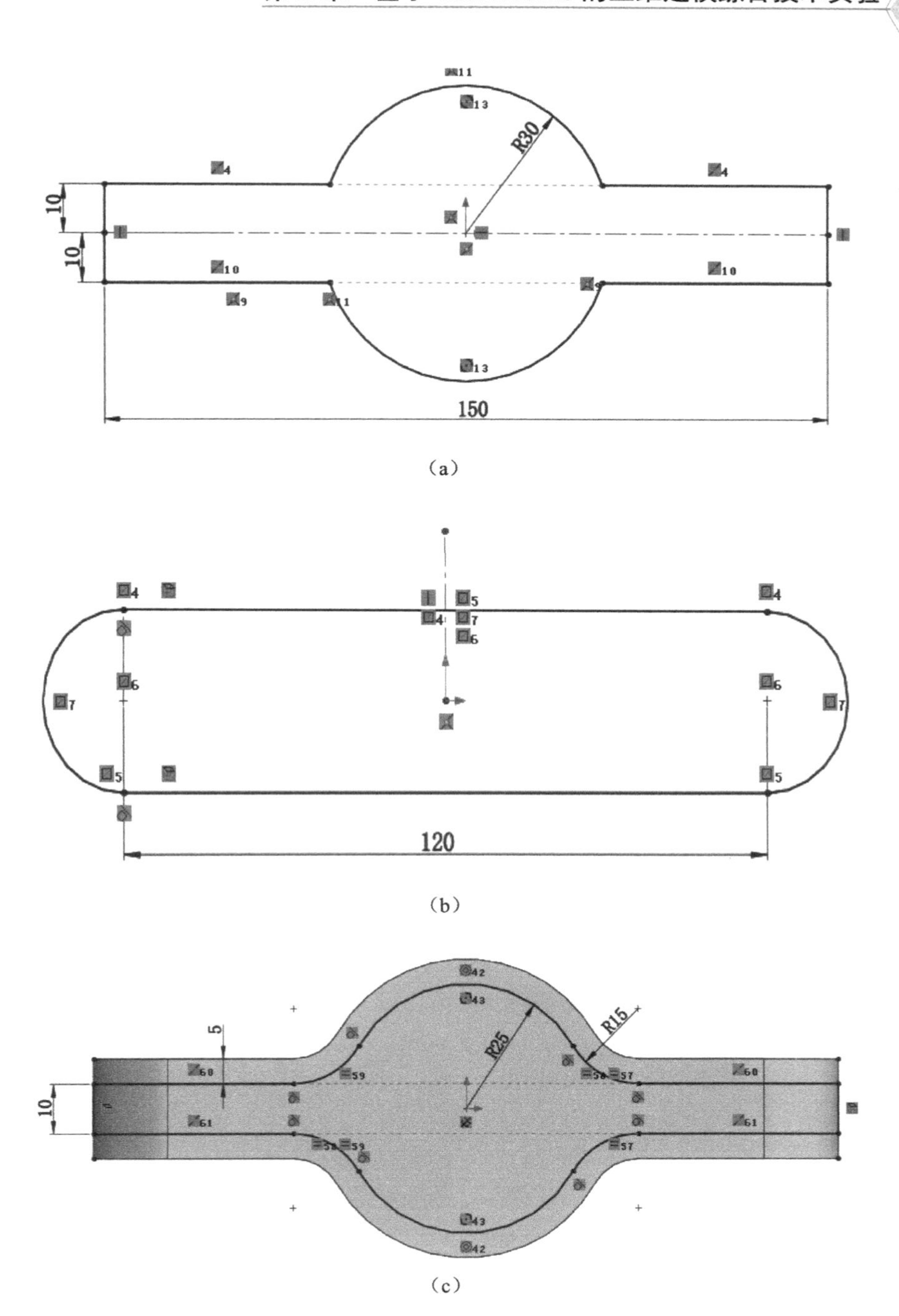

图 2.7　卡箍的造型草图

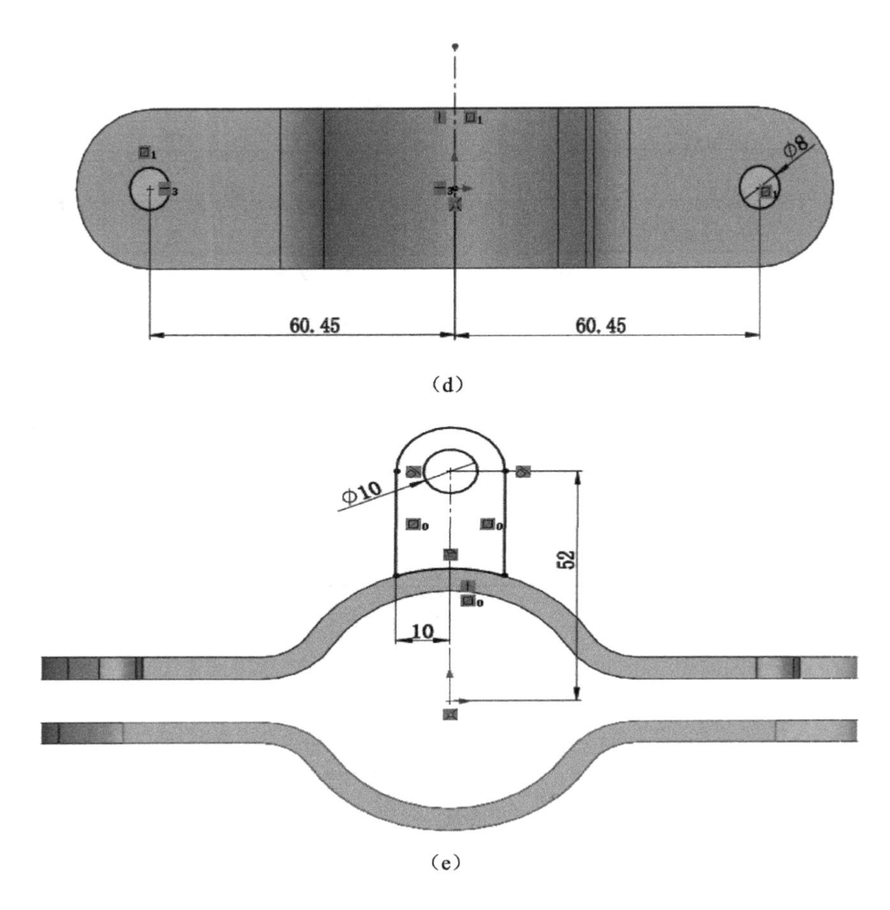

（d）

（e）

图 2.7　卡箍的造型草图（续）

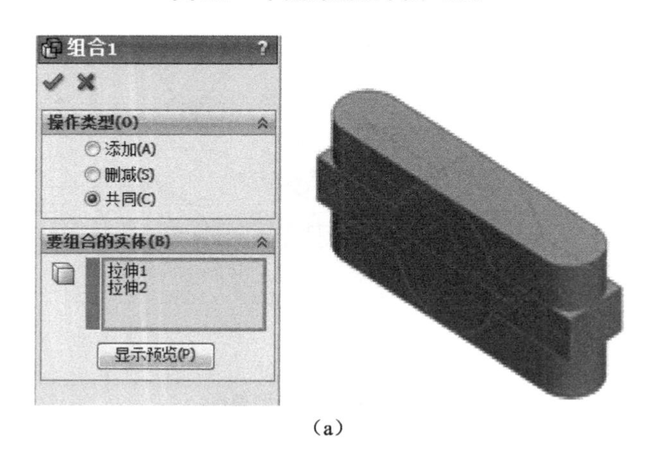

（a）

图 2.8　卡箍的组合特征及卡箍的基体造型

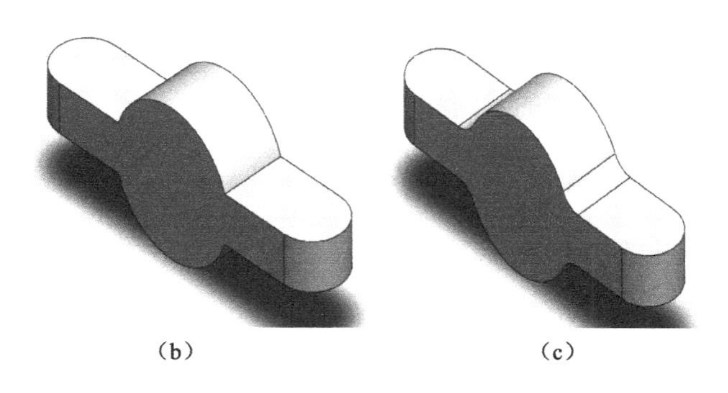

（b）　　　　（c）

图 2.8　卡箍的组合特征（续）

首先，选择前视基准面作为草绘平面，绘制图 2.7（c）所示的草图，再在“特征”工具栏中选择“拉伸切除”特征，实现两侧对称的完全贯穿拉伸切除造型，这样就可以将中间的实体切除了。其次，依次选择上视基准面及造型的前端面，绘制图 2.7（d）和图 2.7（e）所示的草图，完成圆孔、槽和挂耳的造型。最后，在挂耳和卡箍体的连接部分采用圆角特征进行衔接，圆角半径为 8mm。至此，卡箍的整体造型就完成了。

为了获得卡箍的上、下两个零件，需要运用特征工具中的分割实体特征进行分割。在分割实体时，首先，需要确定的是分割用的基准面，由图 2.6 可知，应该选择上视基准面（见图 2.9）作为分割平面；其次，在造型窗口中选择需要分割的卡箍造型；再次，单击“切除零件”按钮，按照图 2.9 中的对话框勾选两个实体，单击下面的“保存所有实体”按钮就可以将分割得到的两个零件分别保存了。

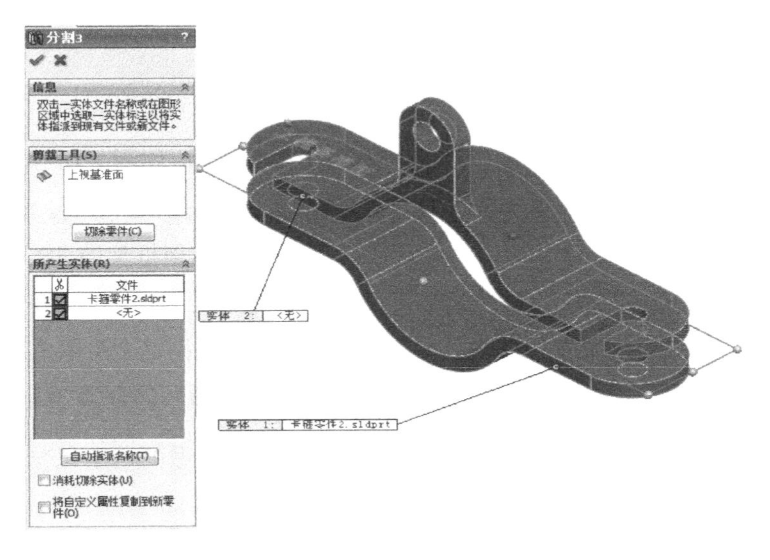

图 2.9　卡箍造型的分割

通过绘制卡箍的造型学习了如何通过一次造型就可以生成产品的装配体，并学习了由装配体获得各个零件的造型的思路和方法。

2.5 鞋架的造型

鞋架（见图 2.10）是生活中的常见物品，通常用型材采用焊接、铆接或螺纹连接而成，其中比较典型的是焊接。通常外框架需要选择粗一些的型材，作为中间搁架通常选择细一些的型材。对于这样一类产品的造型，可以运用 SolidWorks 提供的焊接模块中的结构件造型功能来实现。

图 2.10 鞋架的框架结构草图

鞋架造型的核心是必须先绘制出该鞋架的框架结构草图，如图 2.10 所示。由图 2.10 可知该框架草图不是一个定义在单个平面中的 2D 草图，而是 3D 草图。因此，鞋架造型关键的第一步就是运用 3D 草图工具绘制图 2.11 所示的鞋架框架的 3D 草图。运用第 1 章所学的 3D 草图的绘制技能进行绘制，并严格按照图 2.11 标注的尺寸来定义。此外，需要通过添加一些几何约束来帮助实现草图的完全定义。根据这个鞋架的特点，在添加几何约束时推荐尽量用平行约束和相等约束。完全定义草图后保存该 3D 草图。

获得如图 2.11 所示鞋架框架的 3D 草图后，第二步需要做的是定义鞋架的型材。鞋架的型材如下所述。

- 外框型材：外径为 ϕ15 mm，内径为 ϕ13 mm 的管材。

- 中间的搁架型材：外径为ϕ7 mm，内径为ϕ6.4 mm 的管材。

由于在 SolidWorks 结构件库中没有提供这两种管材，所以需要先在结构件库中添加自定义的管材。

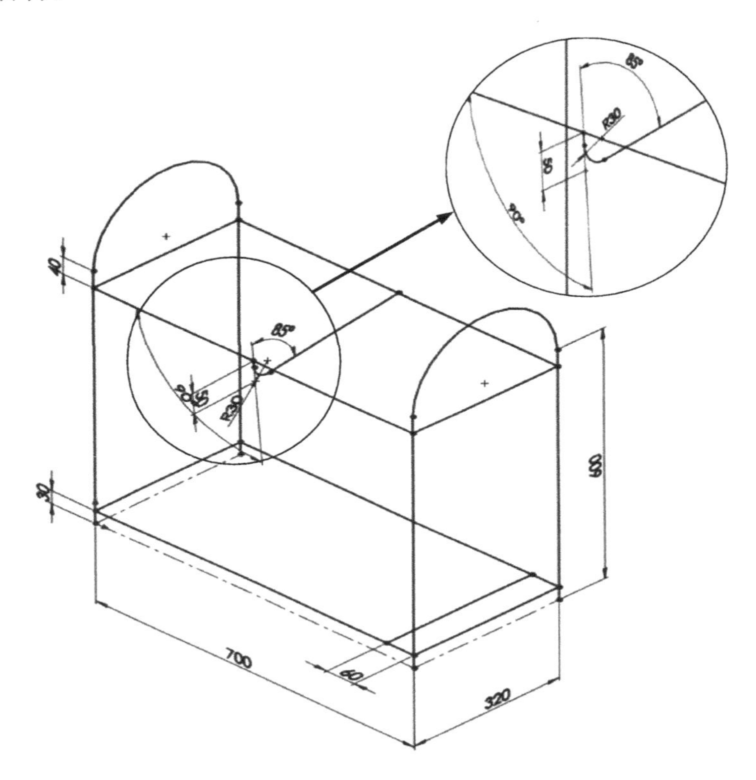

图 2.11 鞋架框架的 3D 草图

在结构件库中添加自定义管材的方法如下所述。

新建一个零件，选择前视基准面作为草绘平面，并绘制图 2.12（a）所示的管材草图，该草图是两个同心的圆，确保圆心和坐标原点重合，分别标注ϕ7 mm 和ϕ6.4 mm 的直径，这时草图得到了完全定义。然后将文件另存为，且文件名为 7×0.3.sldlfp，此文件名中的 7 和 0.3 分别代表的是管材的外径和壁厚，将文件存在 SolidWorks 的安装目录下的\\data\weldmentprofiles\iso\pipe\文件夹中，这个文件夹是用来存放结构件的专用文件夹。注意扩展名必须是“.sldlfp”。这是 SolidWorks 专门提供的一种焊接结构件的文件格式。

图 2.12（b）中草图的操作步骤和图 2.12（a）中草图的操作步骤是完全一样的，但文件名应改为 15×1.sldlfp。

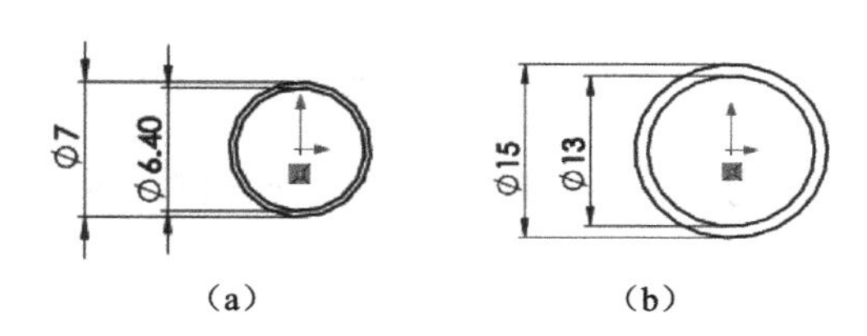

（a）　　　　（b）

图 2.12　管材草图

完成上述两个管材文件的构建后，打开图 2.11 的文件，选择“焊接”工具栏中的“结构构件”，按照图 2.13（a）所示进行设置。首先，完成外框架结构构件的设置，外框架的大小要选择“15×1”。其次，完成内框架结构构件的设置，内框架要选择“ 7×0.3 ”的管件尺寸。最后，按照图 2.10 所示结构选择相应的特征完成线性阵列。线性阵列包括底层搁架、顶层搁架和中间层。顶层搁架和底层搁架阵列的距离为 70mm，中间层阵列的距离为 176mm，数量则参照图 2.10。为了方便进行线性阵列，可以显示临时轴，以确保最终完成整个鞋架的造型。

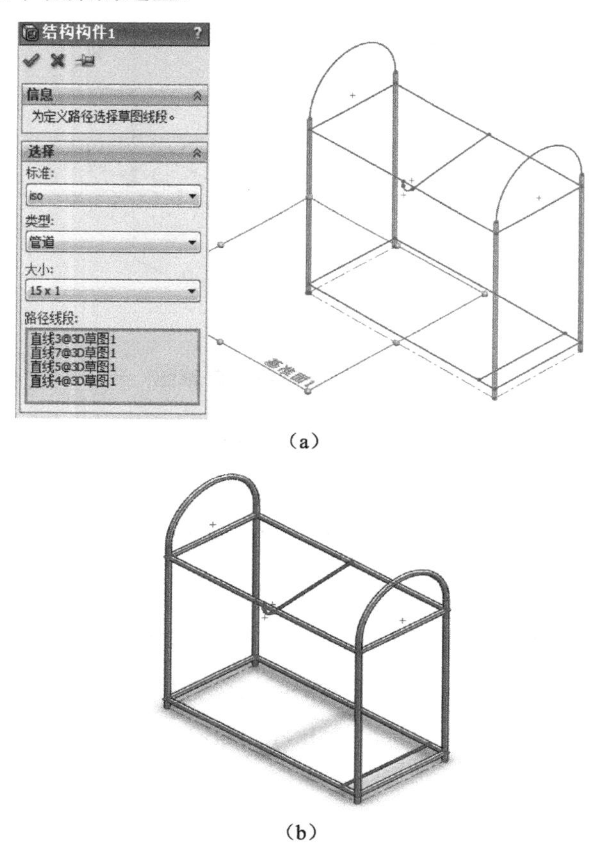

（a）

（b）

图 2.13　鞋架内外框架的设置

2.6　运用组合曲线的框架造型

通过 3D 草图的绘制可以完成复杂的框架类零件的造型。在 SolidWorks 中，除了直接用 3D 草图工具绘制复杂的曲线，还可以采用曲线工具中的组合曲线生成复杂的 3D 曲线，实现复杂零件的造型。本实验将以图 2.14 所示的框架造型为例，训练如何采用组合曲线的功能生成复杂的 3D 扫描路径。此外，还需要学习简单的拉伸曲面。

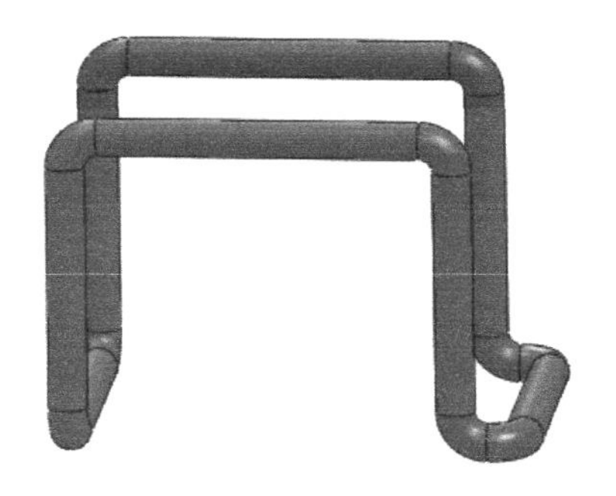

图 2.14　框架造型

首先选择前视基准面作为草绘平面，并绘制图 2.15（a）所示的草图，然后退出草图，在“曲面”工具栏中选择“曲面拉伸”工具，完成图 2.15（b）所示的曲面拉伸，拉伸的长度为 60mm，拉伸的方向如图 2.15（b）所示。曲面拉伸和实体拉伸类似，不同之处是曲面拉伸的草图可以是开环的。由于曲面没有厚度，所以曲面没有体积和质量。

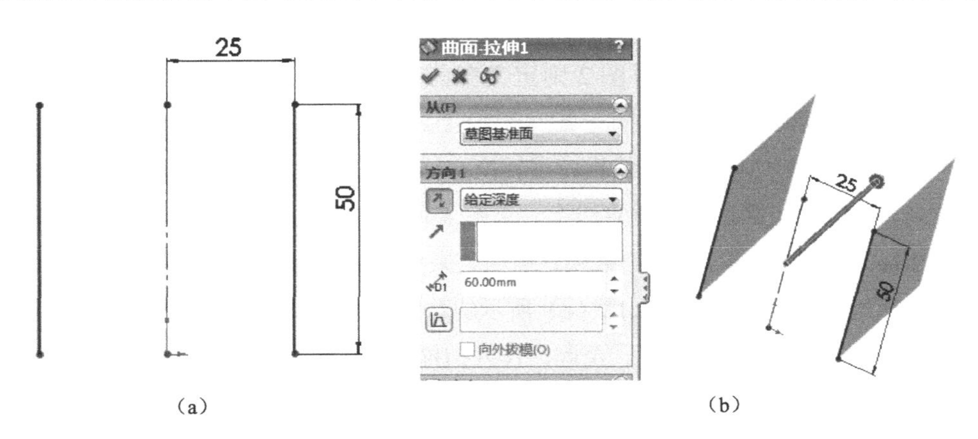

（a）　　　　　　　　　　（b）

图 2.15　框架造型的曲面拉伸

按照图 2.16 所示依次绘制组合曲线的所有草图。

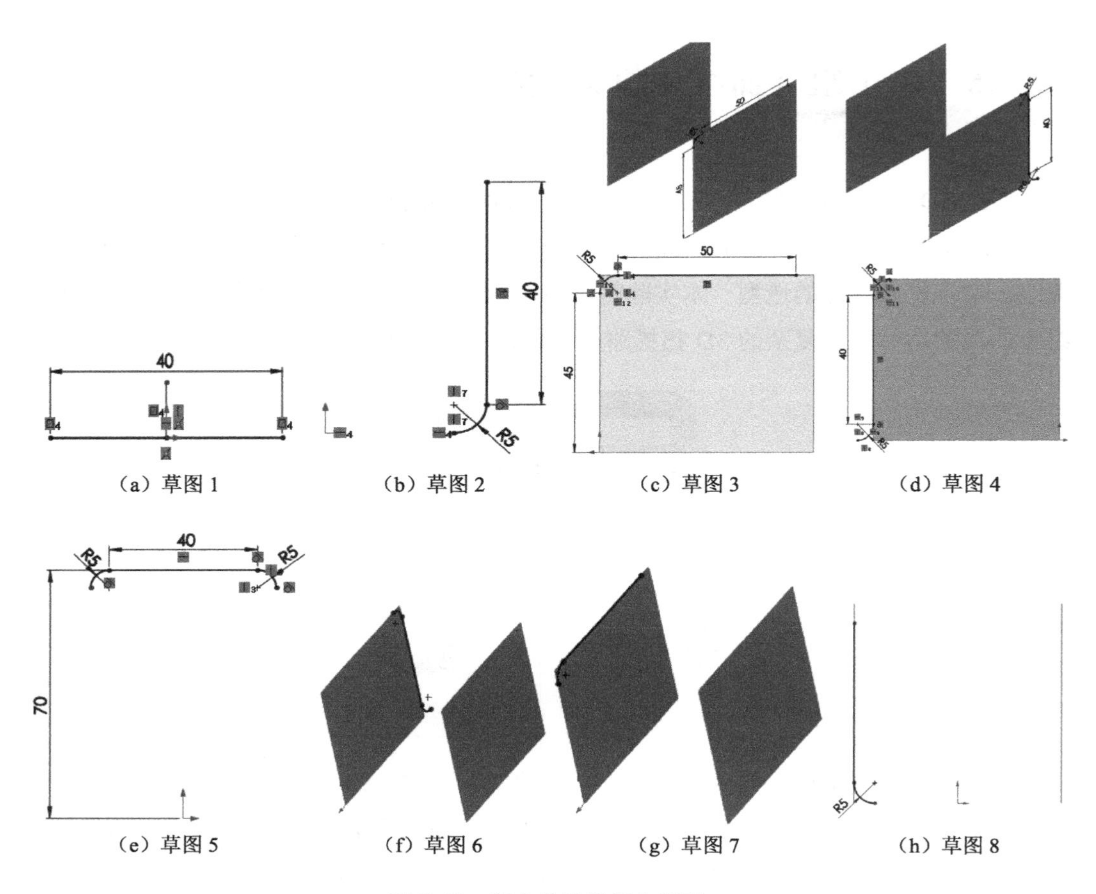

（a）草图 1　（b）草图 2　（c）草图 3　（d）草图 4

（e）草图 5　（f）草图 6　（g）草图 7　（h）草图 8

图 2.16　组合曲线的所有草图

图 2.16（a）所示的草图 1 定义在上视基准面内，直线和原点重合，两端点关于原点对称。图 2.16（b）所示的草图 2 则定义在前视基准面内，定义圆弧的一端和直线相切，另外一端和坐标原点在同一条水平线上。选择图 2.15（b）中外侧的平面绘制图 2.16（c）所示的草图 3，直线推荐用转换实体引用来获得。圆弧的一端和直线相切，另一端则和坐标原点在同一条垂直线上。草图 4 同样定义在图 2.15（b）中外侧平面内，按照图 2.16（c）所示进行尺寸约束和几何约束来完全定义草图。草图 5 需要选择上视基准面作为草绘平面，并绘制图 2.16（e）所示的草图。按照图 2.16（f）～（h）所示完成草图 6、草图 7 和草图 8 的绘制。至此，作为扫描路径的所有草图就绘制完成了。

选择“曲线”工具栏中的“组合曲线”功能，并依次选择图 2.16 中的各个草图，选中的草图将显示在图 2.17（a）的“组合曲线”窗口中，单击“确定”按钮就可以生成图 2.17（b）所示的组合曲线。

选择右视基准面作为草绘平面，并绘制图 2.18 所示的轮廓草图。在完成组合曲线和轮廓草图绘制的基础上，选择扫描特征。以图 2.18 中的草图为扫描轮廓，图 2.17（b）中的组合曲线为扫描路径完成扫描，最终生成图 2.14 所示的框架的造型。

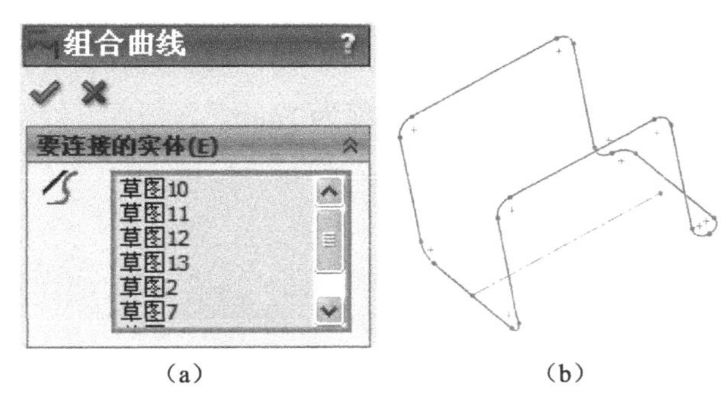

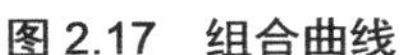

图 2.17　组合曲线

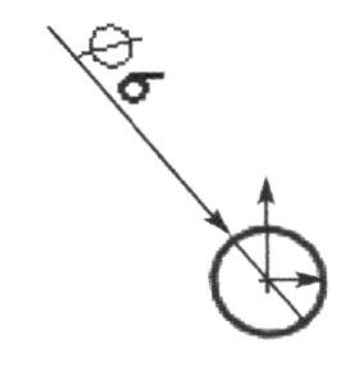

图 2.18　扫描用轮廓草图

2.7　复杂箱体的造型

复杂箱体属于钣金件，通常是在一个薄板上通过折弯、冲孔、成型工具等一系列工序来构造的复杂箱体。

这次复杂箱体的造型综合了钣金件的以下造型功能。

- 钣金基体法兰的造型。
- 钣金薄片法兰的造型。
- 边线折弯。
- 成型工具。
- 镜向功能。
- 通风口的造型。
- 安装孔的造型。

1. 钣金基体法兰的造型

选择前视基准面作为草绘平面，并绘制钣金基体法兰的草图［见图 2.19（a）］，确保左边垂线通过原点，按照图 2.19（a）中尺寸定义草图。

在“钣金”工具栏中选择“基体法兰”工具，按照图 2.19（b）所示进行设置，终止条件选择“两侧对称”，距离为 50mm，厚度和折弯半径都为 1mm。

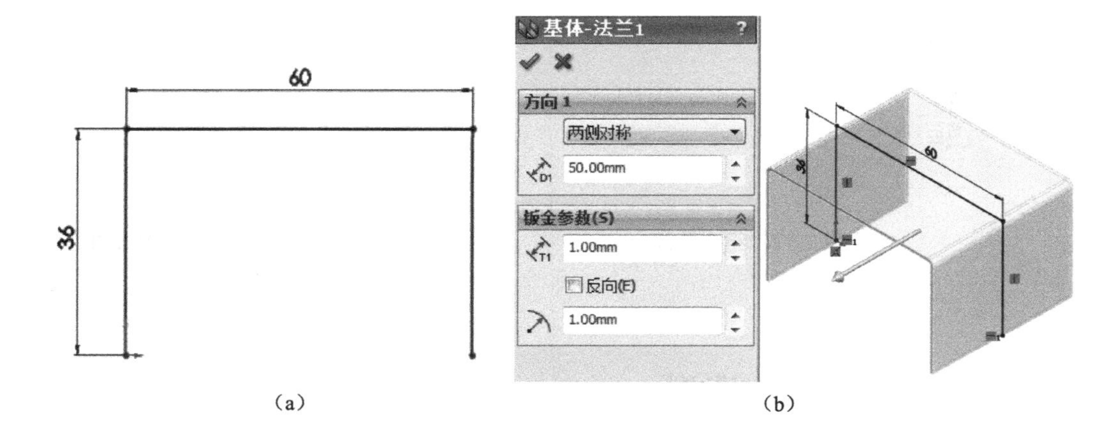

（a）　　（b）

图 2.19　钣金基体法兰的造型

2. 钣金薄片法兰的造型

选择基体法兰的上表面作为草绘平面，并绘制图 2.20（a）所示的草图。该草图是关于中心线对称的，矩形的上边框推荐用转换实体引用工具获得，这样可以简化几何约束定义。

在“钣金”工具栏中选择“薄片法兰”工具，系统会自动获取基体法兰的壁厚，生成图 2.20（b）所示的薄片法兰造型。

薄片法兰的造型也可以按照另一种顺序：先在“钣金”工具栏中选择“薄片法兰”工具，然后选择基体法兰上表面作为草绘平面，并绘制草图［见图 2.20（a）］，这样也可以成功生成所需要的薄片法兰。

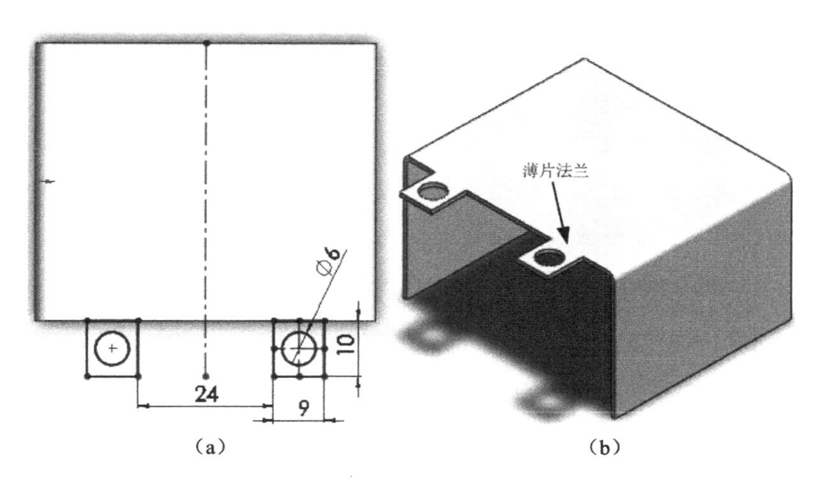

图 2.20　薄片法兰造型

3. 边线折弯

先在“钣金”工具栏中选择“边线折弯”工具，然后选择图 2.21 所示的箱体的外边线，设置折弯角度为 90°。按照图 2.21 所示依次设置“法兰长度”的“给定深度”为 28mm，“法兰位置”选择“材料在外”。

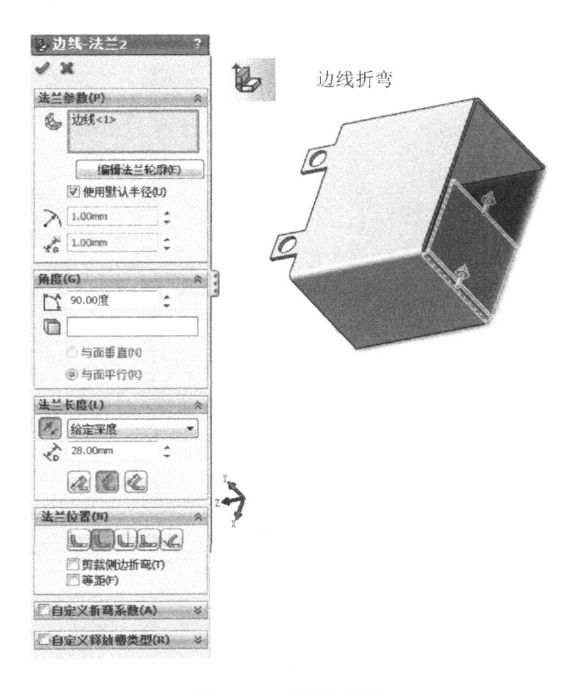

图 2.21　边线折弯

4. 成型工具

复杂箱体的侧面开有成型窗口，可以采用成型工具来完成造型。在 SolidWorks 的设计库中，寻找成型设计工具，路径如图 2.22（a）所示。选择“bridge lance”成型工具，并左击将其拖动到需要放置该成型工具的箱体表面［见图 2.22（b）］。由于拖放中的位置是非常随意的，所以需要完成对这个成型工具位置的精确定位。

在特征造型树中展开 bridge lance 特征，可以看到生成该成型特征的基本草图［见图 2.22（c）］，双击该草图，进入草图绘制界面，按照图 2.22（d）所示对该草图进行修改和定义。确保成型工具放置在侧壁的中心位置上。至此，成型工具的设计就完成了。

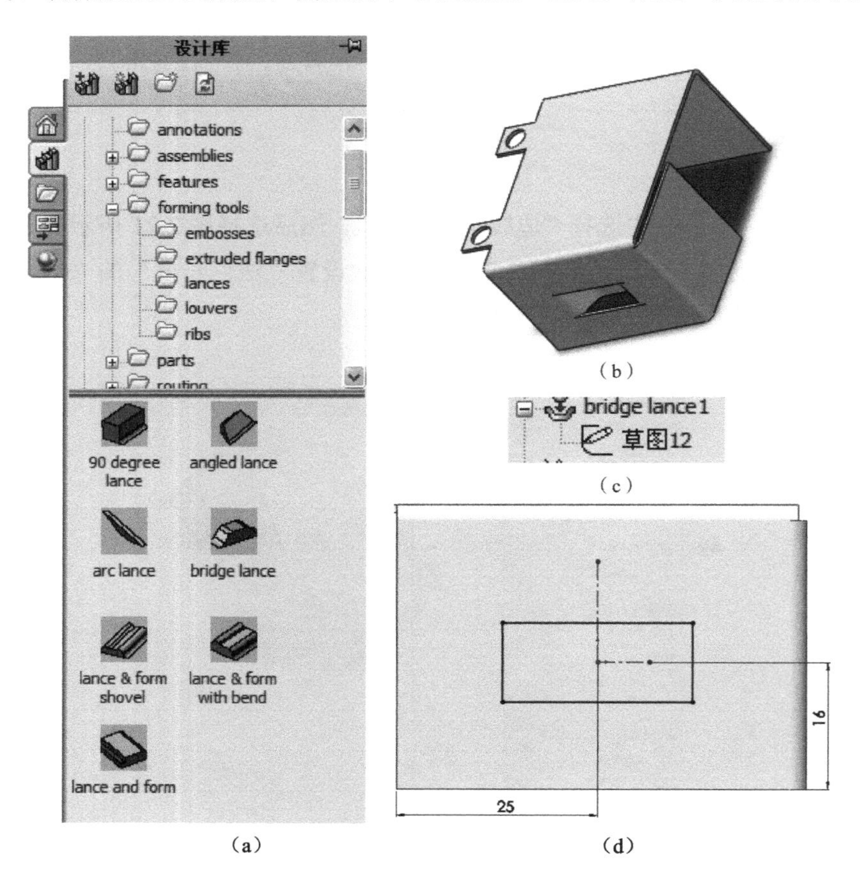

（a）（b）（c）（d）

图 2.22 成型工具

5. 镜向功能

复杂箱体的成型工具和边线折弯都具有很好的对称性。所以，在造型时只需要完成一侧边线折弯和成型工具特征的造型，另一侧的边线折弯和成型工具特征可以采用镜向工具来实现。

镜向功能的实现需要有一个基准面，通过分析可见，系统提供的三个基准面都不可以作为成型工具特征和边线折弯的镜向基准面。因此，需要自己来构造新的基准面。如图 2.23 所示，需要构建的这个基准面是一个和右视基准面相平行的平面。

在“参考几何体”构建工具中选择“基准面”，在基准面定义对话框中选择“点和平行面”的方式定义，按照图 2.23 所示设置。平行面选择“右视基准面”，点则选择图 2.23 所示棱边的中点，从而得到基准面 1。

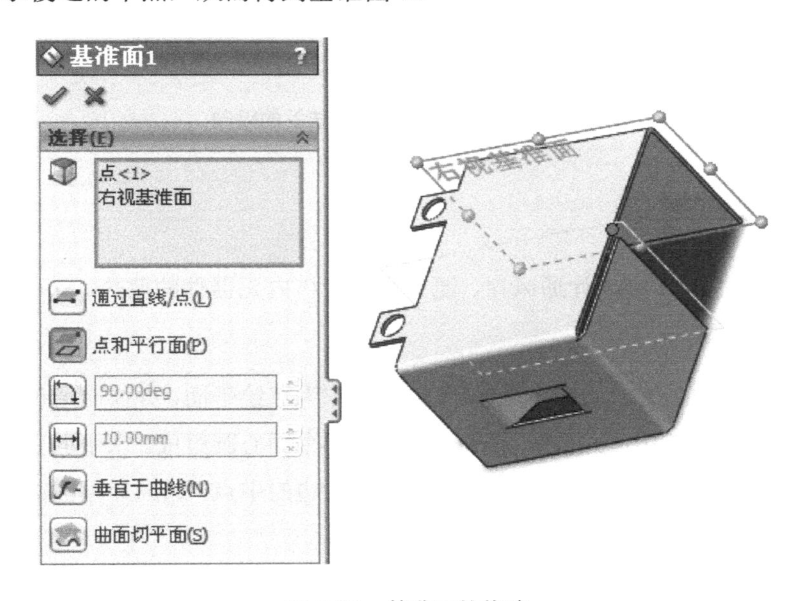

图 2.23　基准面的构建

在“特征”工具栏中选择“镜向”特征，所建立的基准面 1 作为镜向特征的基准面，选择边线折弯和成型工具特征作为要进行镜向的特征，则系统成功完成了两个特征的镜向（见图 2.24）。

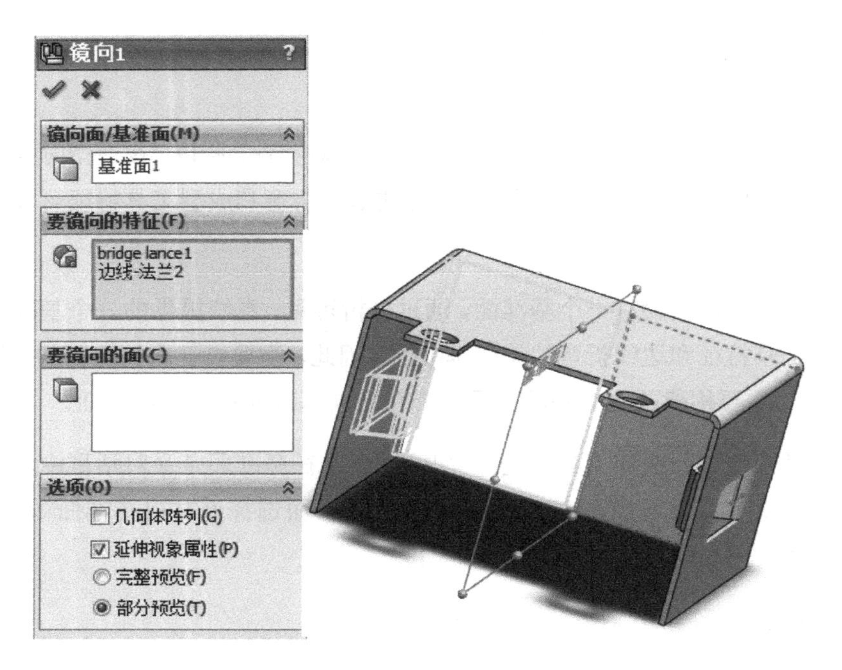

图 2.24　成型特征和边线法兰的镜向

6. 通风口的造型

在复杂箱体上经常会设计通风口，便于复杂箱体内元器件的散热。SolidWorks 专门提供了通风口特征。

首先，按照图 2.25（a）所示选择箱体的顶面作为草绘平面，并绘制通风口的草图。该通风口设计在顶面的中心位置，由两条直线和四个同心圆组成。水平的直线必须和坐标原点位于同一条水平线上，垂直的直线则应过棱边的中点，通风口草图的尺寸约束如图 2.25（a）所示。

其次，在“扣合”特征中选择“通风口”特征，并且按照图 2.25（b）所示设置。选择图 2.25（a）中草图最外侧的直径为 40mm 的圆作为边界，再选择草图所在的顶面作为通风口的放置面，草图中互相垂直的两条直线为筋，并设置筋之间的宽度为 2mm，筋的深度采用默认值。选择剩余的三个圆弧为翼梁，并将翼梁之间的宽度也设为 2mm。

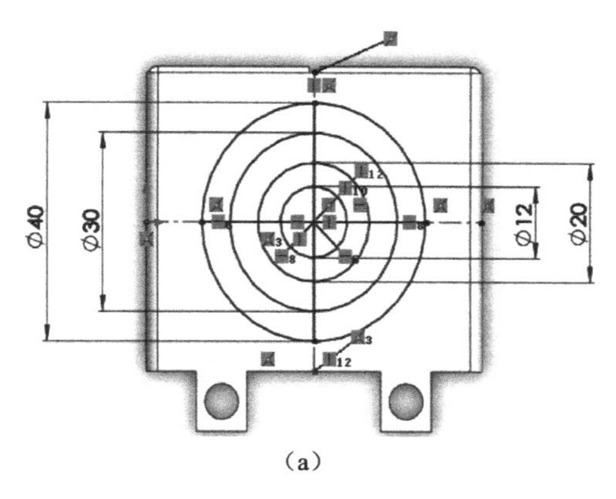

（a）

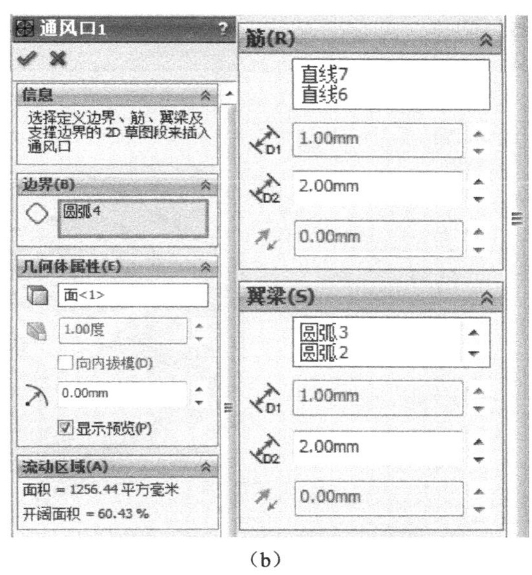

（b）

图 2.25　通风口的造型

7. 安装孔的造型

复杂箱体的最后一步造型是设计箱体的安装孔。孔特征的生成可以采用异型孔功能，也可以采用绘制草图选择拉伸切除特征来实现。这里采用拉伸切除的方法。

首先，选择需要安装孔的面作为草绘平面，并绘制图 2.26（a）所示的草图，使其完全定义。其次，在“特征”工具栏中选择“拉伸切除”特征，并一次完成安装孔的造型，这时终止条件选择“完全贯穿”，一次生成对侧的安装孔，其结果如图 2.27（b）所示。图 2.27 为最终的复杂箱体三维模型。

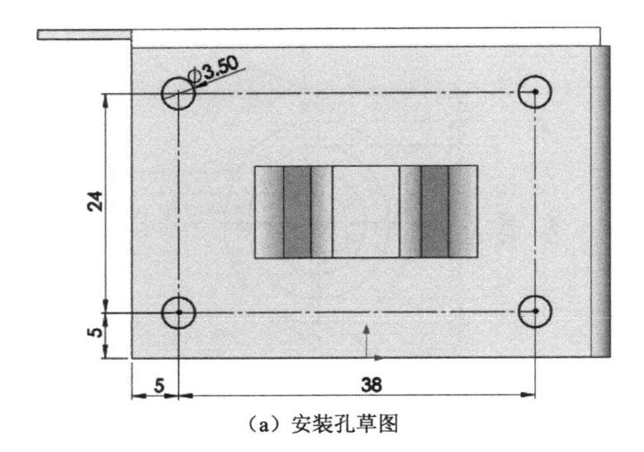

（a）安装孔草图

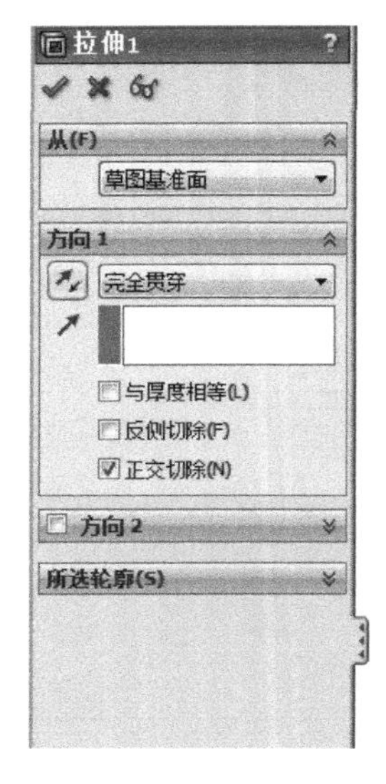

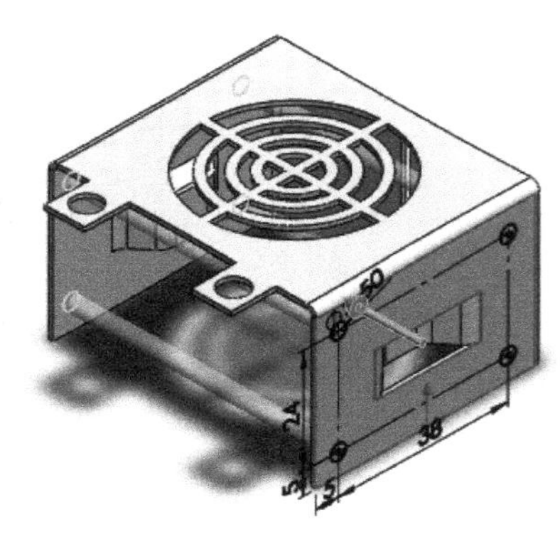

（b）孔特征的生成

图 2.26　安装孔的设计

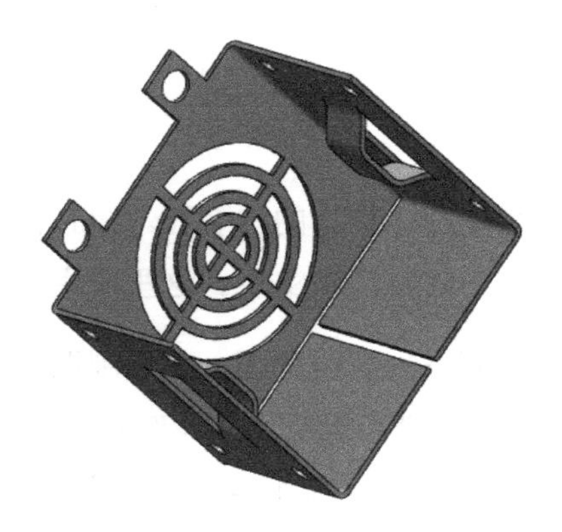

图 2.27　最终的复杂箱体三维模型

2.8 显示器壳体的造型

显示器的壳体如图 2.28 所示，该壳体上有曲面、圆角、散热孔等一系列功能特征。完成显示器壳体的造型需要运用到的特征工具包括以下几种。

- 拉伸基体特征。
- 旋转切除特征。
- 拉伸切除特征。
- 圆角特征。
- 抽壳特征。
- 线性阵列特征。
- 扫描切除特征。

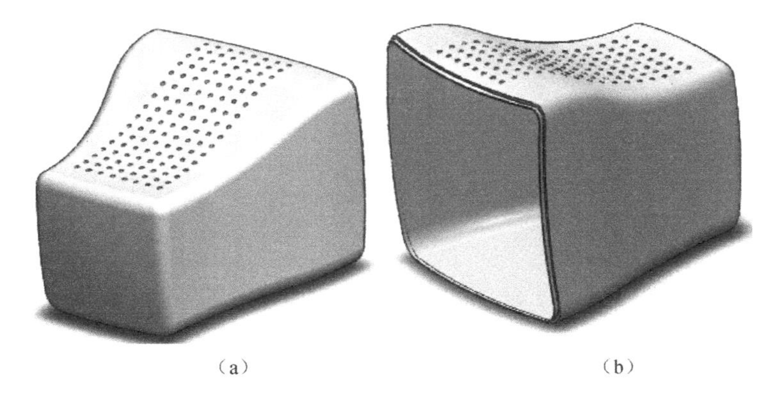

（a）　（b）

图 2.28　显示器的壳体

1. 拉伸基体特征

由图 2.28 可知，显示器壳体的基体是一个拉伸体，需要采用拉伸基体特征来完成显示器壳体的造型。

先选择前视基准面作为草绘平面，然后进入草图的绘制界面绘制一个长方形，按照图 2.29（a）所示完全定义该草图。在“特征”工具栏中选择“拉伸基体”特征，按照图 2.29（b）所示进行拉伸，终止条件为“给定深度”，深度为 400mm，拉伸方向如图 2.29（b）所示。

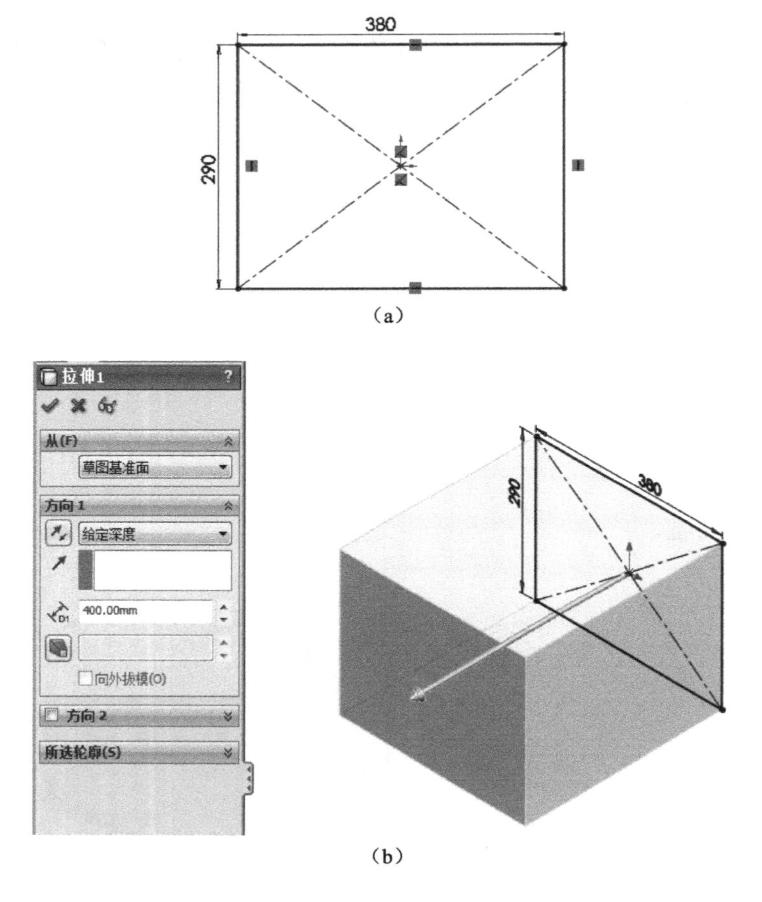

图 2.29　显示器基体的造型

2. 旋转切除特征

显示器壳体前端弧形面的造型采用旋转切除的方式来实现。选择上视基准面作为草绘平面，并绘制图 2.30（a）所示的草图。用作旋转中心的中心线必须是垂直且通过坐标原点的，按照图 2.30（a）所示完全定义该草图。

在“特征”工具栏中选择“旋转切除”特征，按照图 2.30（b）所示进行参数的设置，完成 360° 的旋转切除，顺利完成显示器壳体前端弧形面的造型。

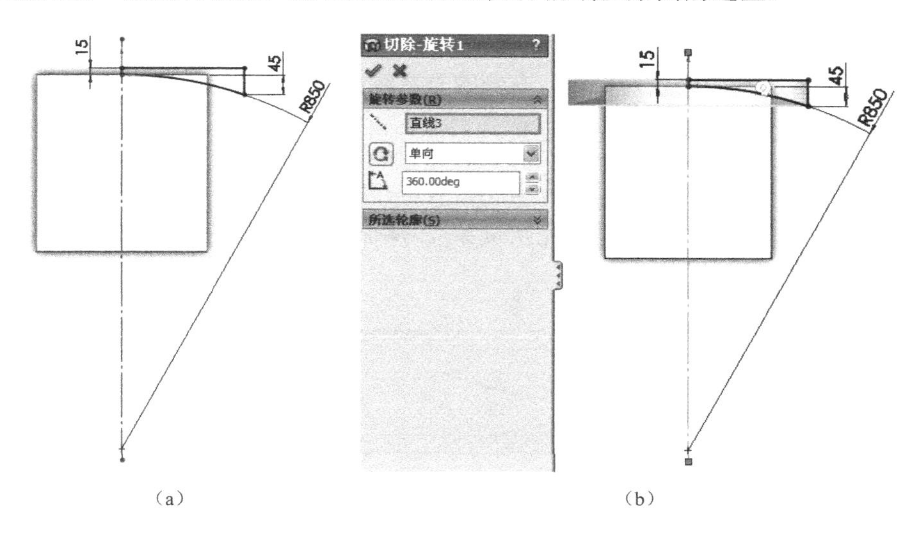

图 2.30　显示器壳体前端的造型

显示器壳体尾部的造型思路和前端部的类似，采用图 2.31（a）所示上视基准面内的草图，通过 360° 旋转切除的方式来实现完全定义［见图 2.31（b）］。在绘制图 2.31（a）的草图时，必须确保中心线过坐标原点。

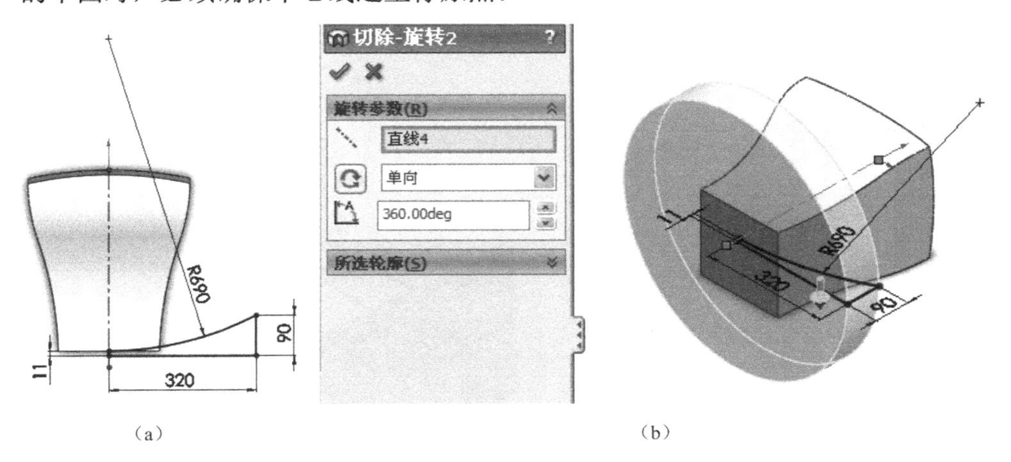

图 2.31　显示器壳体尾部的造型

3. 拉伸切除特征

显示器壳体顶部也是一个曲面，可以采用两个相切的圆弧构成曲线，通过拉伸切除来实现其曲面的造型。

选择右视基准面作为草绘平面，并按照图 2.32（a）所示绘制草图。在草图中的水平线和左侧的垂直线建议采用转换实体引用的方式获得，两个圆弧用三点圆弧工具绘制，并定义两者的几何关系为相切，右侧的垂直线必须过坐标原点，按照图 2.32（a）所示添加尺寸约束，确保草图完全定义。

在“特征”工具栏中选择“拉伸切除”特征，并按照图 2.32（b）所示进行参数的设置，两个方向的终止条件都是“完全贯穿”，从而完成顶部曲面的造型。

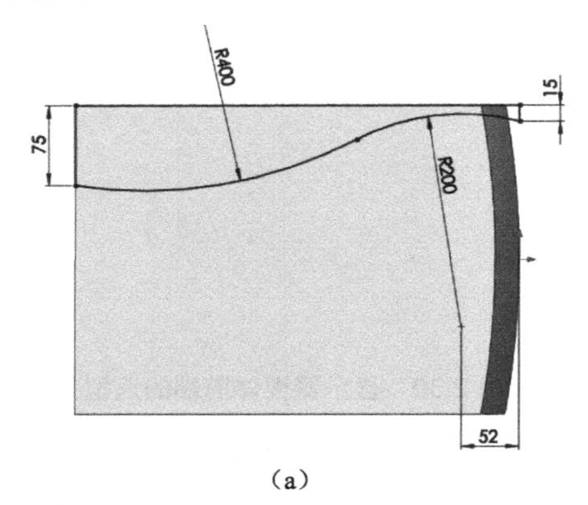

（a）

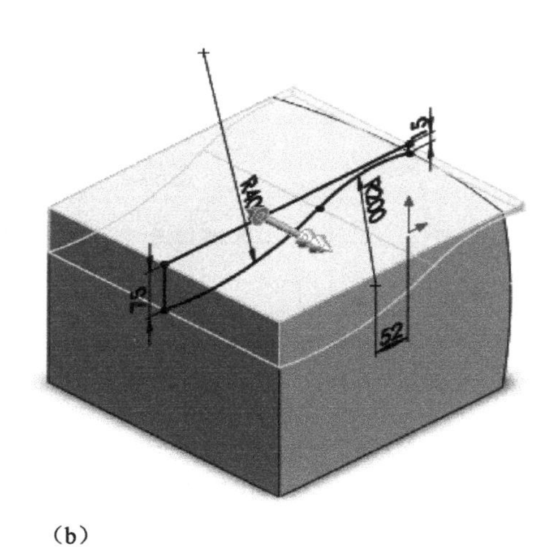

（b）

图 2.32　显示器壳体顶部的造型

显示器壳体侧面包括左侧面和右侧面，其曲面的造型思路和顶部相似，也是采用两个相切的圆弧通过拉伸切除来实现。先完成左侧面的造型，再完成右侧面的造型。

选择上视基准面作为草绘平面，并绘制图 2.33（a）所示的草图，直线的绘制思路和图 2.32（a）相似，底部的水平线和左侧的垂直线通过转换实体引用获得，顶端的水平线则必须用保持水平且过坐标原点来约束，按照图 2.33（a）所示添加尺寸约束使该草图完全定义。

采用“特征”工具栏中的“拉伸切除”特征来实现左侧面曲面的造型，两个方向的终止条件都选择“完全贯穿”，如图 2.33（b）所示。

由于显示器壳体的左侧面和右侧面是关于右视基准面对称的，因此，右侧面曲面的造型就可以采用“特征”工具栏中的“镜向”特征来实现，结果如图 2.33（c）所示。

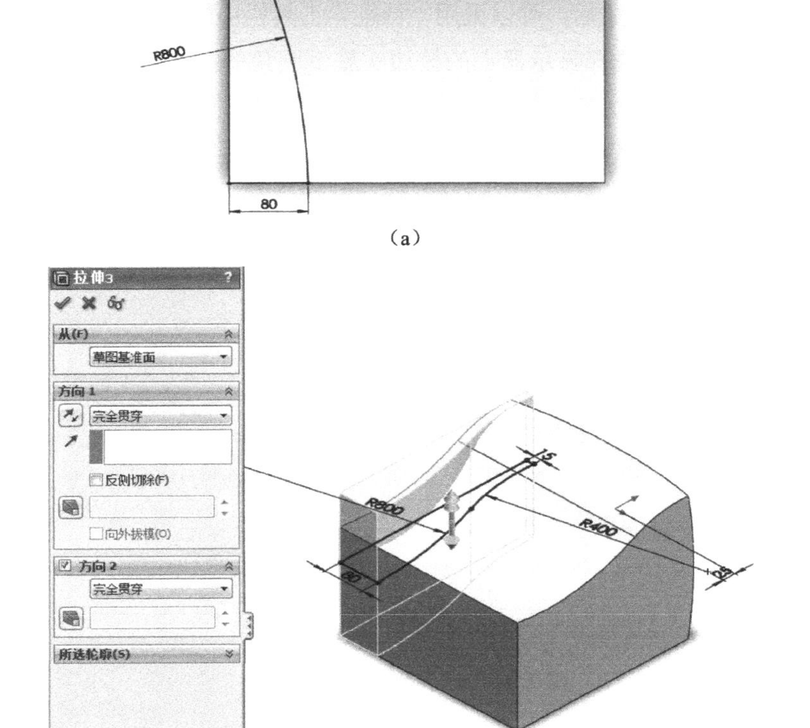

（a）

（b）

图 2.33　显示器壳体侧部的造型

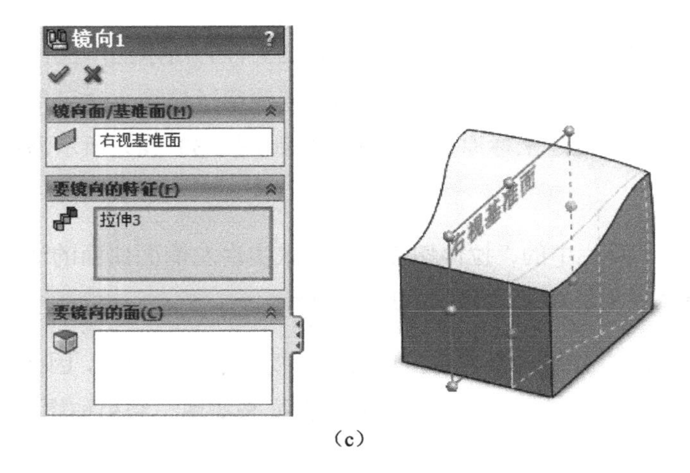

(c)

图 2.33　显示器壳体侧部的造型（续）

4. 圆角特征

显示器的基体造型完成后，可以采用“特征”工具栏中的“圆角”特征对基体进行修饰，按照图 2.34 所示选择显示器上的棱边实施倒圆角的操作，圆角半径的设置同样参照图 2.34。

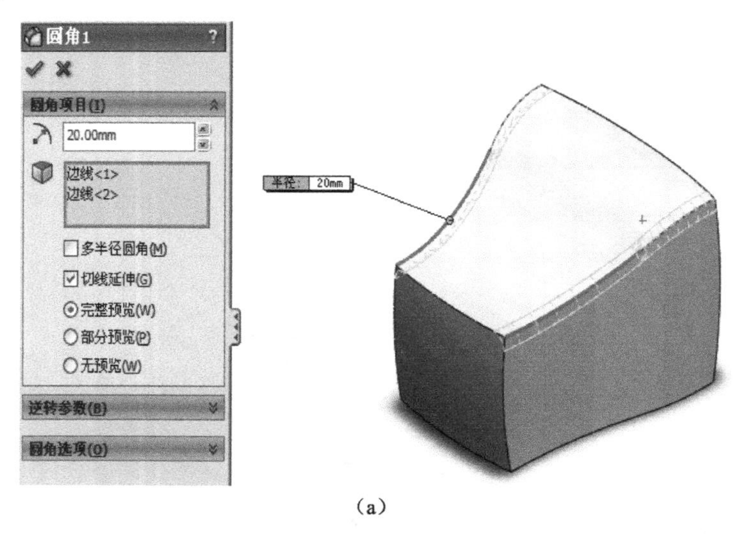

(a)

图 2.34　显示器各棱边倒圆角

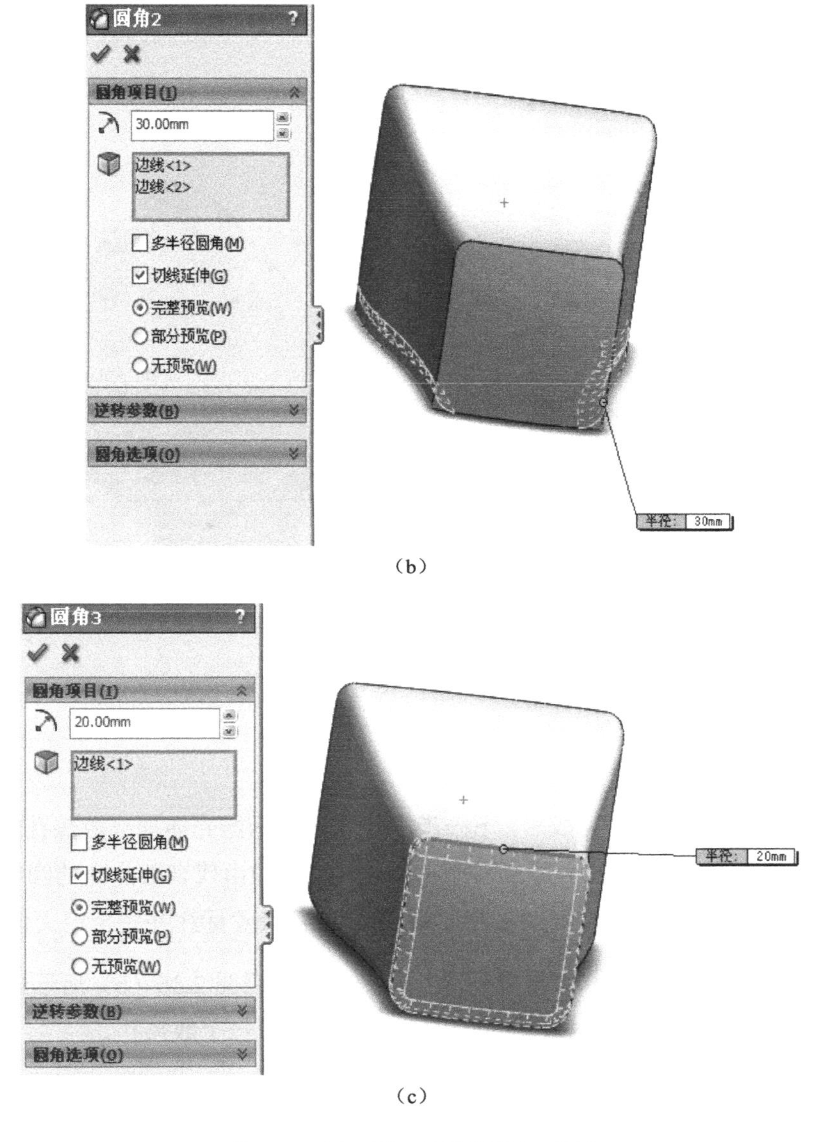

（b）

（c）

图 2.34　显示器各棱边倒圆角（续）

5. 抽壳特征

完成上述步骤后就可以采用“抽壳”特征将显示器实体转换为壳体了，抽壳的操作要求如图 2.35 所示。选择显示器前端的曲面为开敞的面，壳体壁厚为 5mm。

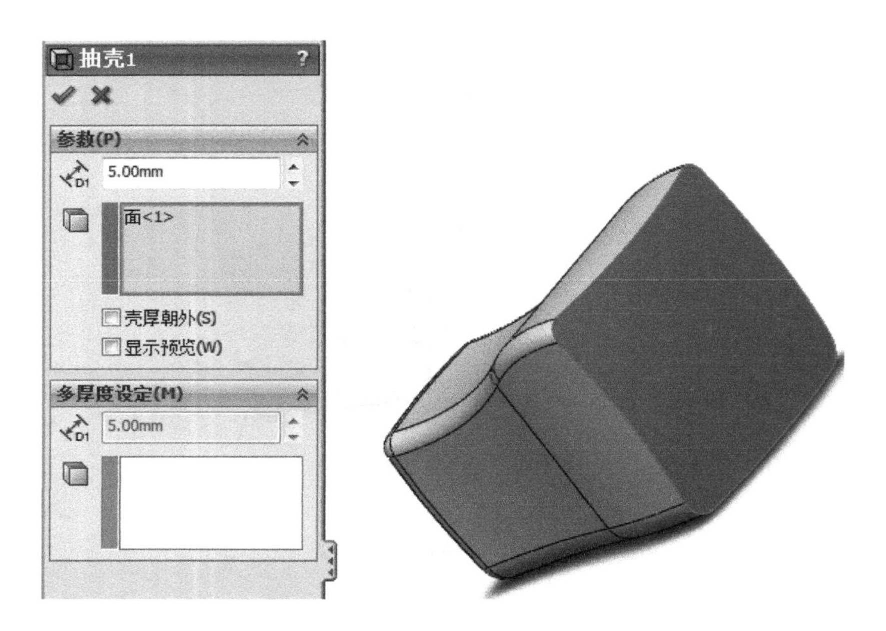

图 2.35　显示器壳体生成

6. 线性阵列特征

显示器壳体基体的造型完成后，下一步需要完成显示器壳体顶部散热孔的造型。选择上视基准面作为草绘平面，并绘制一个草图，这个草图由代表散热孔的圆组成，中心线必须垂直且过坐标原点，按照图 2.36（a）所示进行尺寸标注并完全定义该草图。

在“特征”工具栏中选择“拉伸切除”特征，并按照图 2.36（b）所示进行操作，终止条件为“完全贯穿”，这时在显示器的顶面就会切出一个散热孔。

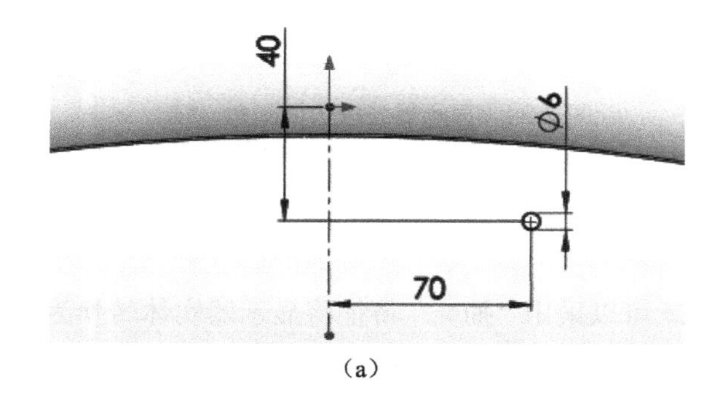

（a）

图 2.36　显示器的散热孔

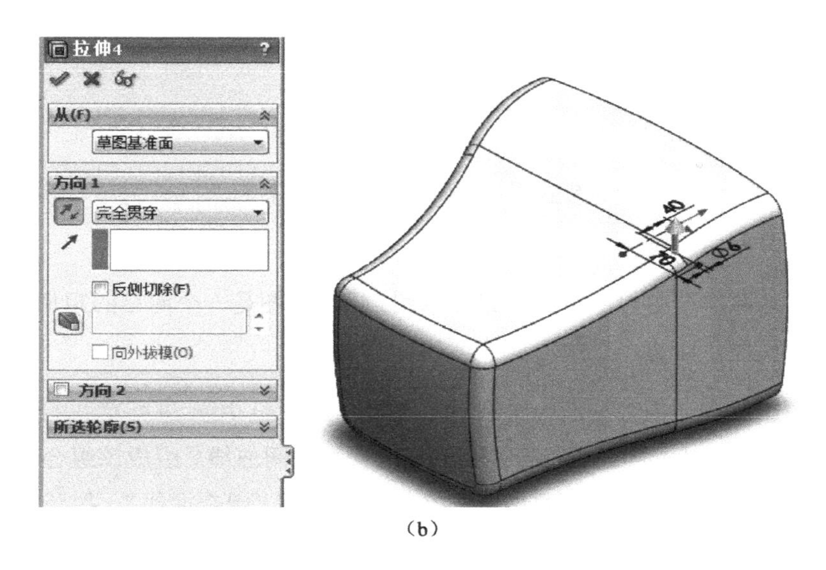

（b）

图 2.36　显示器的散热孔（续）

在“特征”工具栏中选择“线性阵列”特征，按照图 2.37 所示进行各个参数的设置，其中关键是方向 1 和方向 2 的选择。先设置图 2.36（a）中的尺寸线为可见，然后在图 2.37 所示的界面中，点选尺寸线 70 为方向 1，尺寸线 40 为方向 2。按照图 2.37 所示的要求分别输入距离和数量，两个方向阵列的距离都为 20mm，方向 1 的数量为 8，方向 2 的数量为 16，单击“确定”按钮就可以完成显示器的散热孔阵列了。

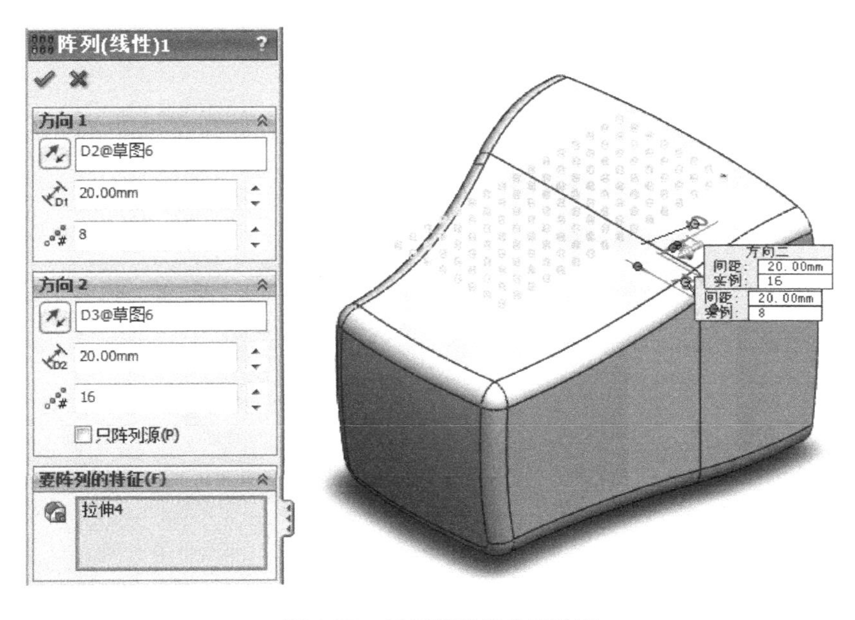

图 2.37　显示器的散热孔阵列

7. 扫描切除特征

显示器壳体造型的最后一步：采用“特征”工具栏中的“扫描切除”特征绘制显示器壳体前端扣合的造型。

实现扫描切除需要有轮廓草图和路径草图。轮廓草图是一个简单的矩形，路径草图不是一个平面曲线，而是一个空间曲线。

轮廓草图选择在上视基准面中绘制，按照图 2.38（a）所示进行草图的定义。路径草图则采用“曲线”功能中的“组合曲线”功能获得空间曲线。组成该组合曲线的各个曲线是显示器壳体前端面的边界曲线。选择曲线里面的“组合曲线”，按照图 2.38（b）所示依次选择显示器壳体前端面的边界曲线，即可获得由边界曲线组合而成的空间曲线。

在“特征”工具栏中选择“扫描切除”特征，按照图 2.38（c）所示选择轮廓曲线和路径曲线，从而实现显示器壳体前端扣合的造型，至此，获得显示器壳体的完整模型。

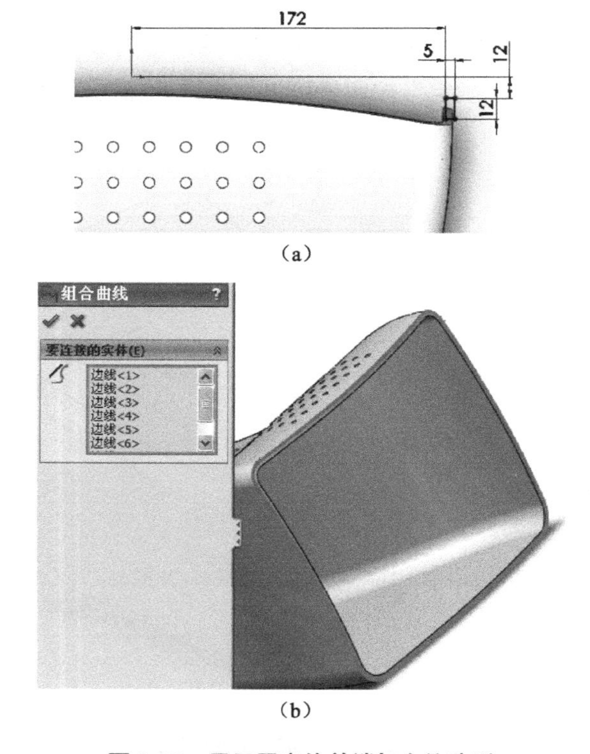

图 2.38 显示器壳体前端扣合的造型

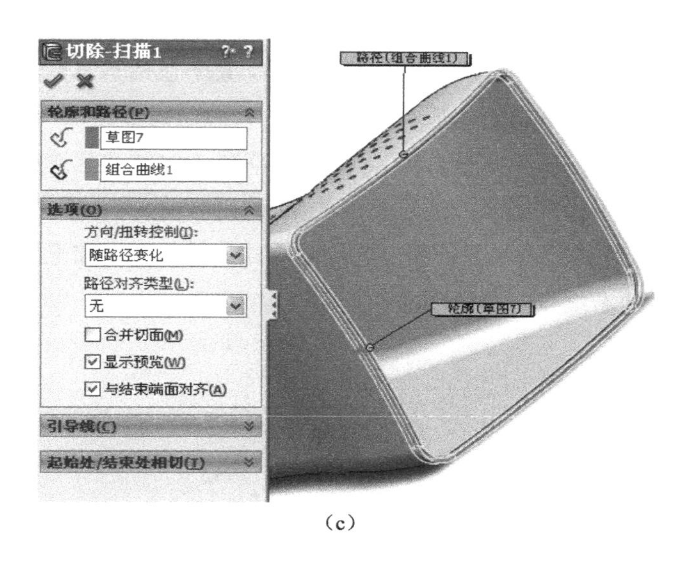

（c）

图 2.38　显示器壳体前端扣合的造型（续）

2.9　吊钩的造型

分析图 2.39 所示吊钩的造型可知关键部分是吊钩主体部分的造型，吊钩主体部分是一个复杂的形体，有一条内侧曲线和外侧曲线，而且截面形状也是不断变化的。这种形体的造型通常需要用到放样特征。通过吊钩主体的造型将学习如何运用多个轮廓草图结合路径和引导线实现放样特征造型，并学习采用圆顶特征工具来实现吊钩的头部和弯钩部分的光滑过渡。此外，还要学习运用装饰螺纹线来表达螺纹。

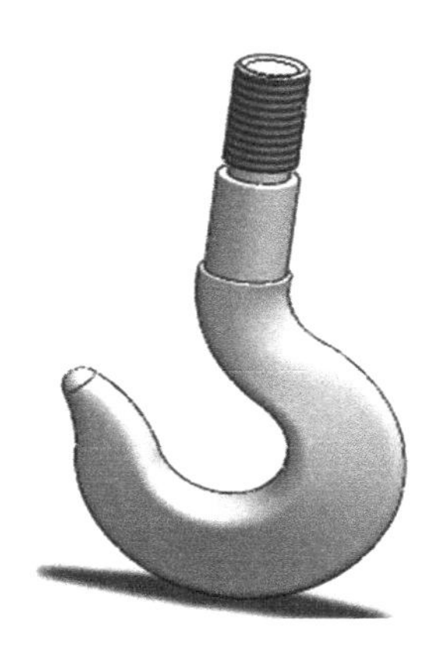

图 2.39　吊钩的造型

在进行吊钩的造型前，需要做一些基本的准备，其中包括基本草图的准备及基准面的准备。首先，绘制一个吊钩主体基本形状草图，并命名为草图 1。选择前视基准面作为草绘平面，并绘制草图 1（见图 2.40）。在绘制草图 1 时要注意选择前视基准面中的坐标原点作为草图的坐标基准点，通过尺寸约束和几何约束确保草图 1 完全定义。其次，构建基准面 1，选择“点和平行面”的构建方式，基准面 1 和上视基准面平行且过草图 1 中顶部直线的右端点，具体的操作如图 2.41 所示。

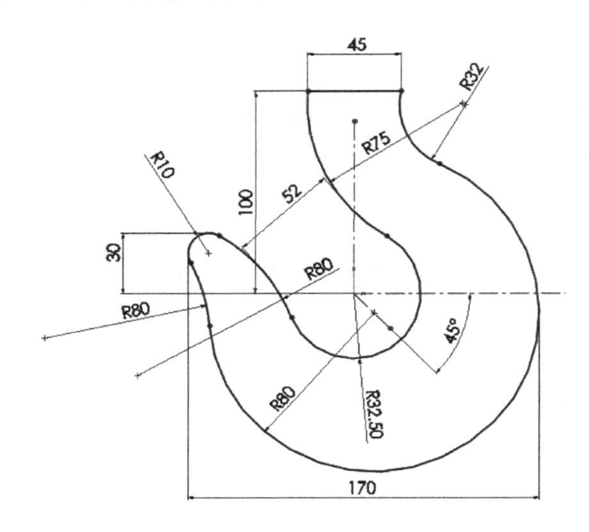

图 2.40 吊钩主体的基本形状草图

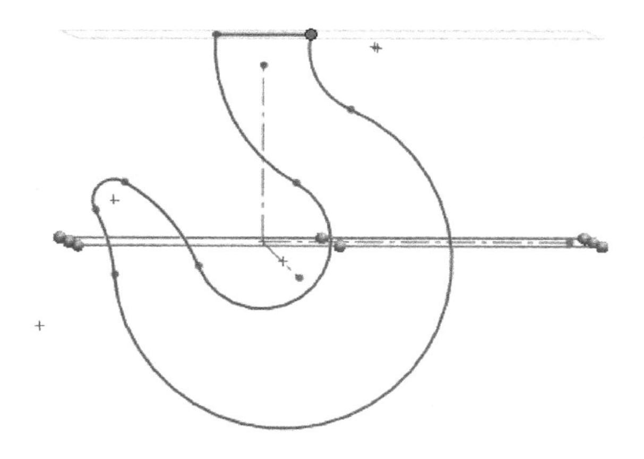

图 2.41 吊钩造型所需基准面 1

选择草图中的“3D 草图”功能绘制图 2.42 所示的 3D 草图，该 3D 草图是通过拾取图 2.40 中吊钩基本形状草图中的点绘制的一条直线。

依据图 2.42 构建的草图，再次选择基准面的构建功能构建基准面 2。基准面 2 通过图 2.42 的直线且和前视基准面相垂直，即角度为 90°（见图 2.43）。

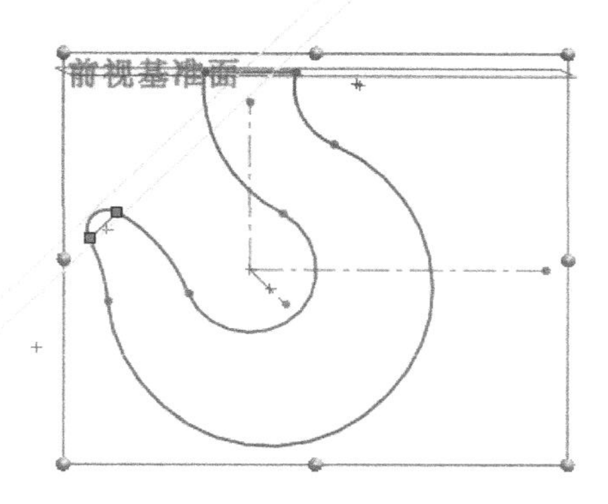

图 2.42　3D 草图　　　　图 2.43　吊钩造型所需基准面 2

完成吊钩造型所需要的上述基本要素准备后，可以开始绘制吊钩主体造型草图。吊钩的主体采用“放样”特征来实现，通过对吊钩外形的分析，需要采用四个截面轮廓沿着两条路径约束放样来实现。选择前视基准面作为草绘平面，并绘制图 2.44 所示的两个草图，这两个草图是用来定义放样时的两条路径的。这两个草图的绘制可以选择采用“转换实体引用”功能从图 2.40 所示的轮廓中转换得到。

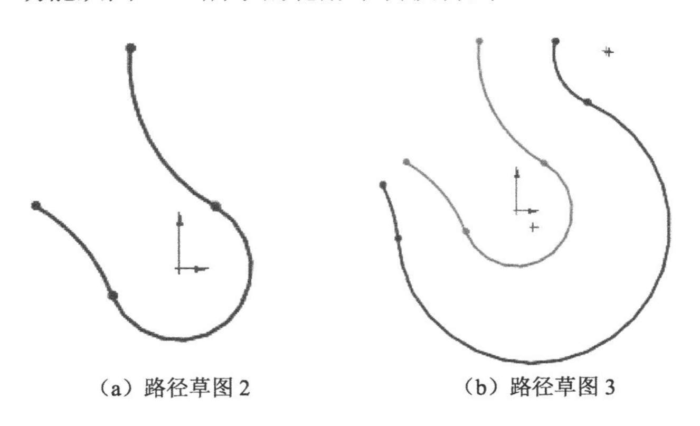

（a）路径草图 2　　（b）路径草图 3

图 2.44　吊钩的放样路径

在放样中需要的四个截面轮廓草图如图 2.45 所示。图 2.45（a）中的草图是定义在基准面 1 中第一个截面轮廓草图，该草图仅有一个圆，圆心在基准面的坐标原点上，不需要用尺寸约束，需要添加几何约束确保圆周和图 2.44（b）中的曲线顶部端点重合；图 2.45（b）中的草图是定义在上视基准面中的第二个截面轮廓草图，需要按照图 2.45（b）所示完成草图的尺寸约束和几何约束。在几何约束中，关键是两个穿透点的定义，必须定义这条中心线的两个端点是关于图 2.44（a）和图 2.44（b）的曲线的穿透点；图 2.45（c）中的草图是定义在右视基准面中的第三个截面轮廓草图，按照图 2.45（c）所示完成该草图的尺寸约束和几何约束。同样，关键点是要正确定义图 2.45（c）和图 2.44 中两条曲线相交的点是关于这两条曲线的穿透点；图 2.45（d）中的草图是定义在基准面 2 中的第四个轮廓草图，这个草图不需要用尺寸约束，只需要添加几何约束，添加的几何约束为圆周和图 2.44（a）中曲线的顶点重合。

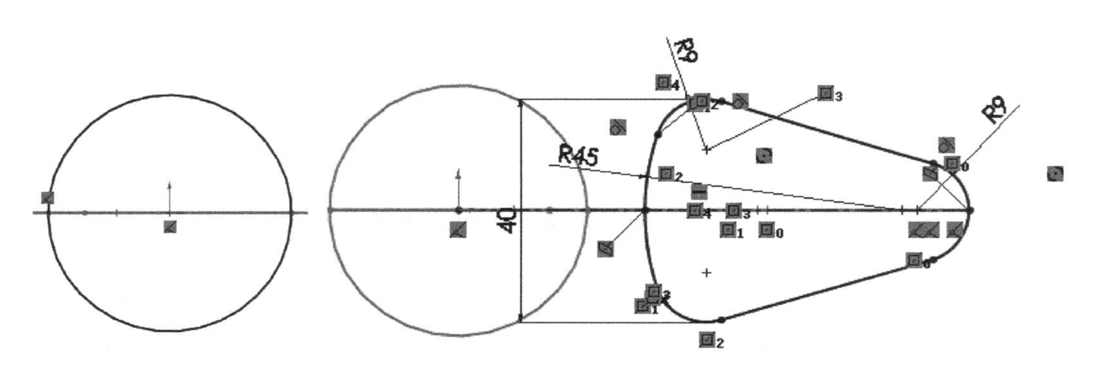

（a）基准面 1 中的轮廓草图 4　　　　（b）上视准面中的轮廓草图 5

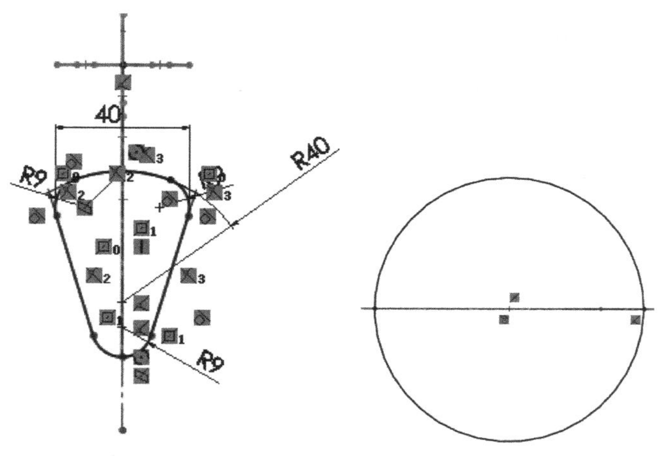

（c）右视准面中的轮廓草图 6　　　　（d）基准面 2 中的轮廓草图 7

图 2.45　吊钩的关键截面轮廓草图

完成了放样造型所需要的所有草图的绘制后，选择“特征”工具栏中的“放样”特征。按照图 2.46 所示来选择草图。图 2.45 中的四个草图作为轮廓草图依次被选择，图 2.44 中的两个草图作为引导线依次被选择，这样就可以成功完成吊钩主体的放样造型。

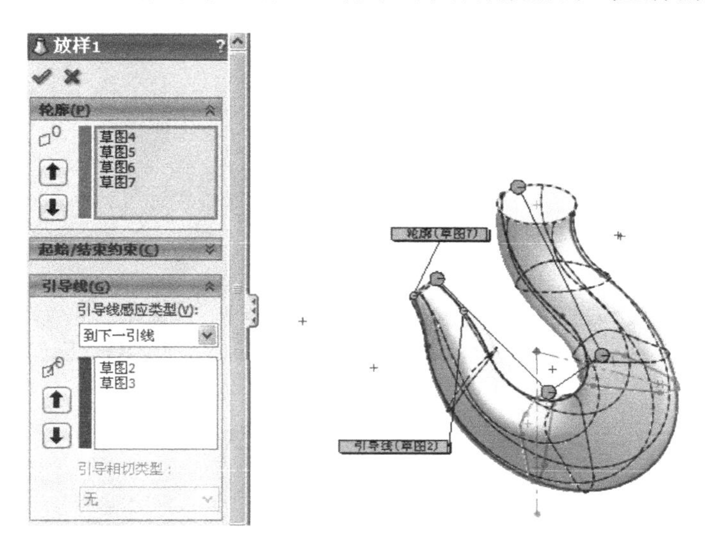

图 2.46　吊钩的放样造型

吊钩头部采用“特征”工具栏中的“圆顶”特征来生成一个光滑的顶部，达到和吊钩主体光滑过渡，并美化吊钩外形（见图 2.47）。在圆顶特征中，需要选择图 2.46 中吊钩的头部平面作为圆顶开始的平面，同时设定圆顶顶部到底部的距离为 8mm，系统按此设置自动生成圆顶特征。

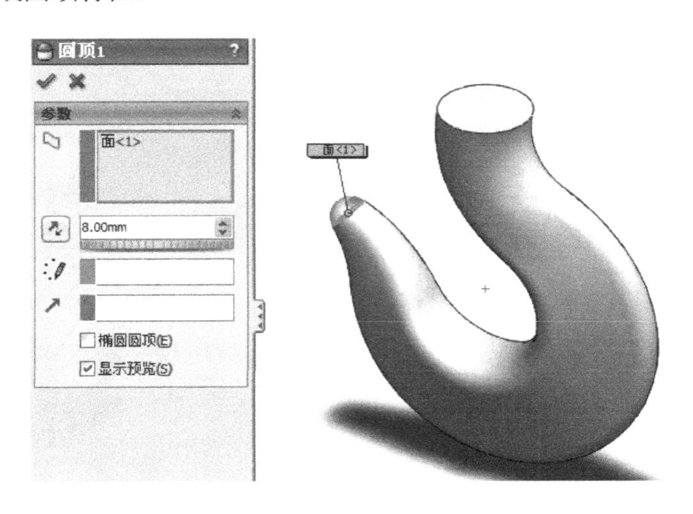

图 2.47　吊钩头部的造型

进一步按照图 2.48 所示的步骤依次完成吊钩柄部实体的造型。柄部实体可以用拉伸实体特征来完成造型。

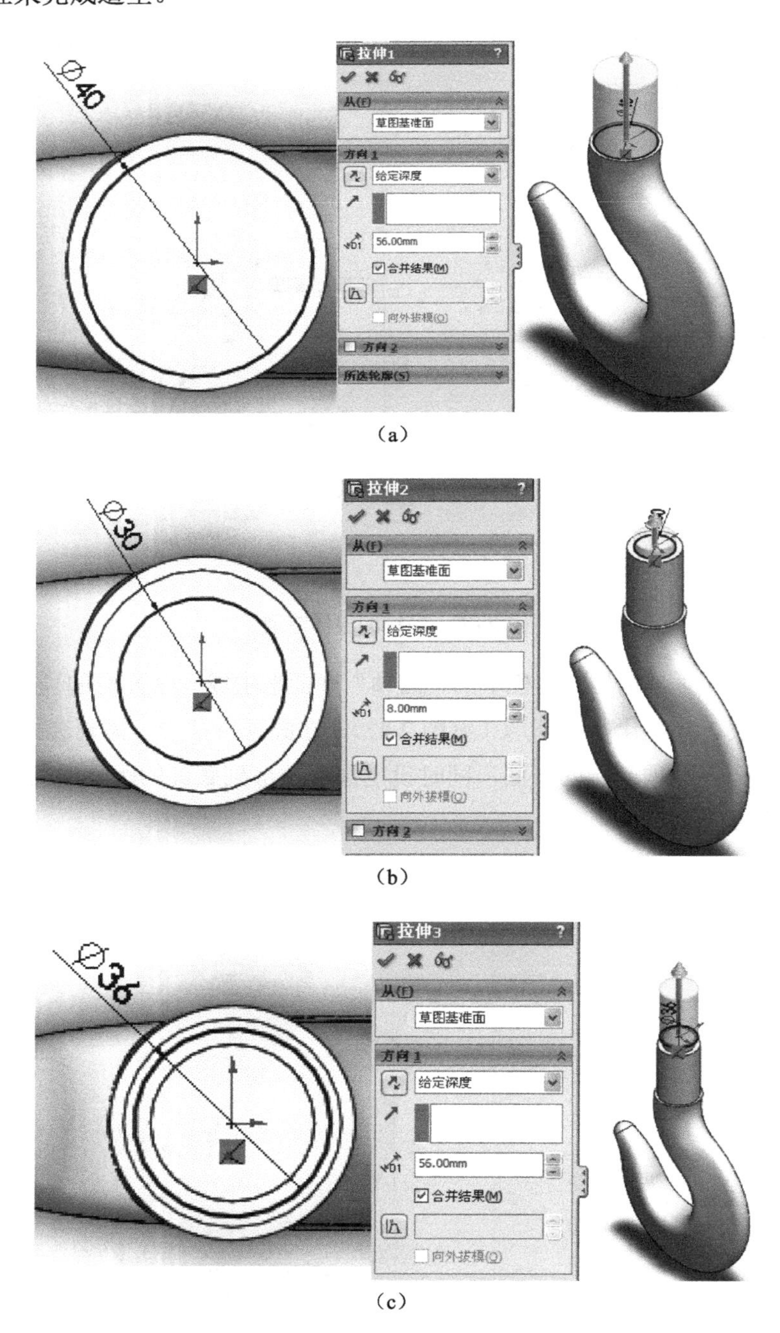

(a)

(b)

(c)

图 2.48　吊钩柄部实体的造型

对于柄部的螺纹，在这里运用装饰螺纹线的功能来实现。装饰螺纹线功能可以插入菜单下的注解中。在装饰螺纹线对话框中选择“边线”，定义内径为 26mm，终止条件选择“成形到下一面”，如图 2.49 所示。

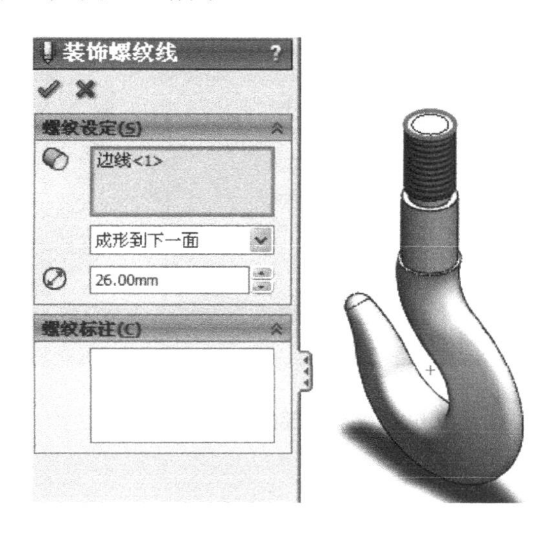

图 2.49　装饰螺纹线

吊钩柄部的剩余造型如图 2.50 所示，主要包括倒角、圆孔的造型及倒圆角。按照图 2.50 所示的顺序依次操作，并设置参数。最终得到图 2.39 所示的吊钩的造型。

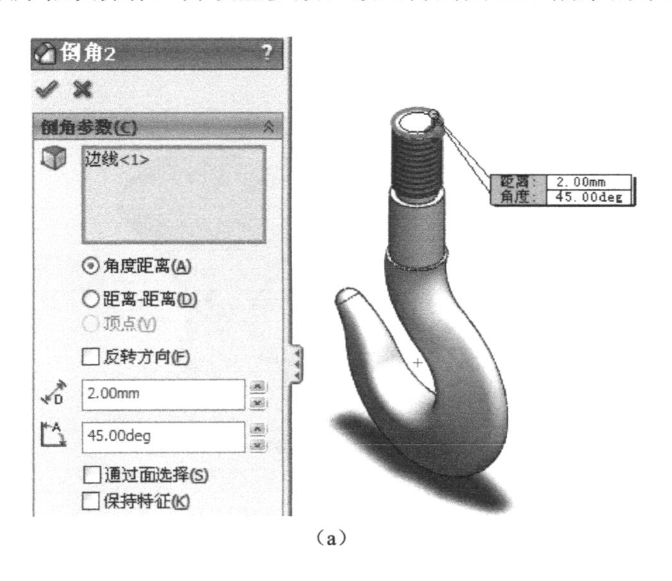

（a）

图 2.50　吊钩柄部的剩余造型

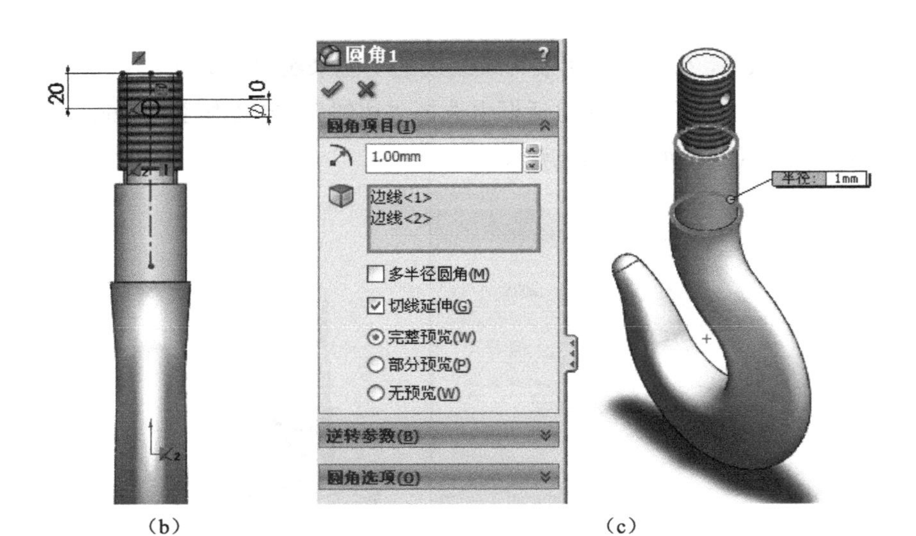

(b) (c)

图 2.50 吊钩柄部的剩余造型（续）

2.10 吹风机喷嘴的造型

吹风机喷嘴的造型（见图 2.51）通常是由不同的曲面组成的，喷嘴顶部呈喇叭状。这个零件要求各个部分的衔接都非常的光顺。吹风机喷嘴的造型具体步骤如下所述。

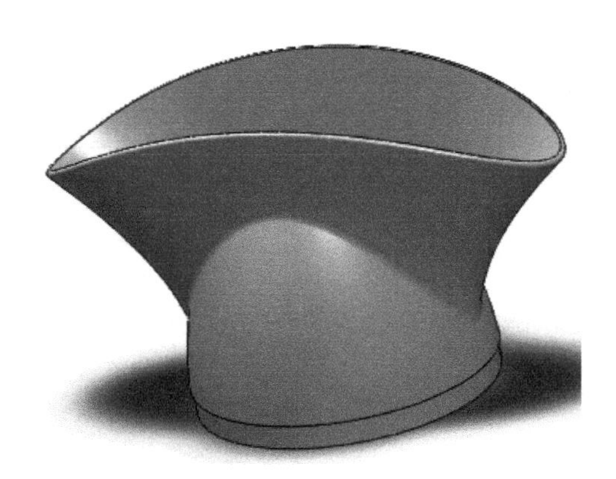

图 2.51 吹风机喷嘴的造型

第一步：选择前视基准面作为草绘平面，并绘制喷嘴圆锥体的草图[见图 2.52(a)]，然后选择“特征”工具栏中的“旋转基体”特征完成圆锥体的造型［见图 2.52（b)]。

图 2.52（a）中的草图在绘制中的曲线采用了样条曲线，通过调整样条起点和终点的切线方向来调整样条曲线的形状。

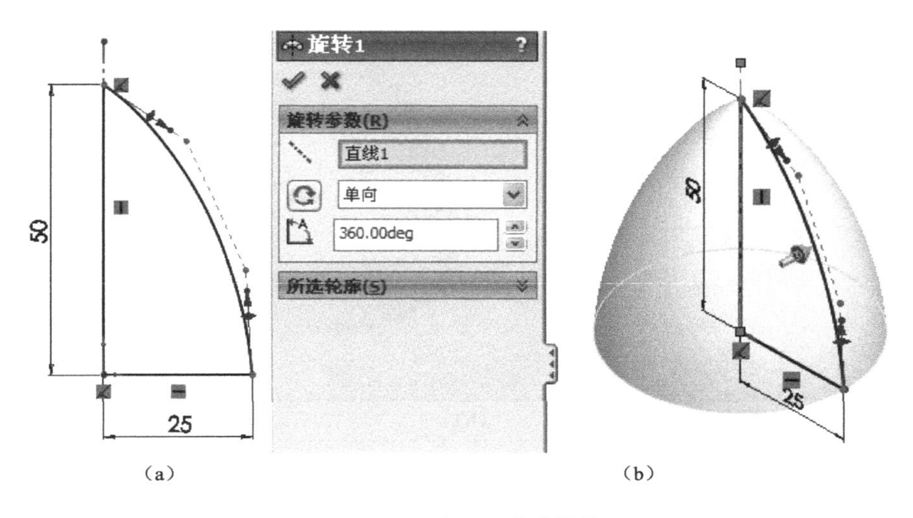

（a）　　　　　　　　　　　　（b）

图 2.52　吹风机喷嘴锥体

第二步：以上视基准面作为参考基准面生成两个新的基准面，即基准面 1 和基准面 2，具体参数设置如图 2.53 所示。这样就获得了三个互相平行的基准面，即上视基准面、基准面 1 和基准面 2。

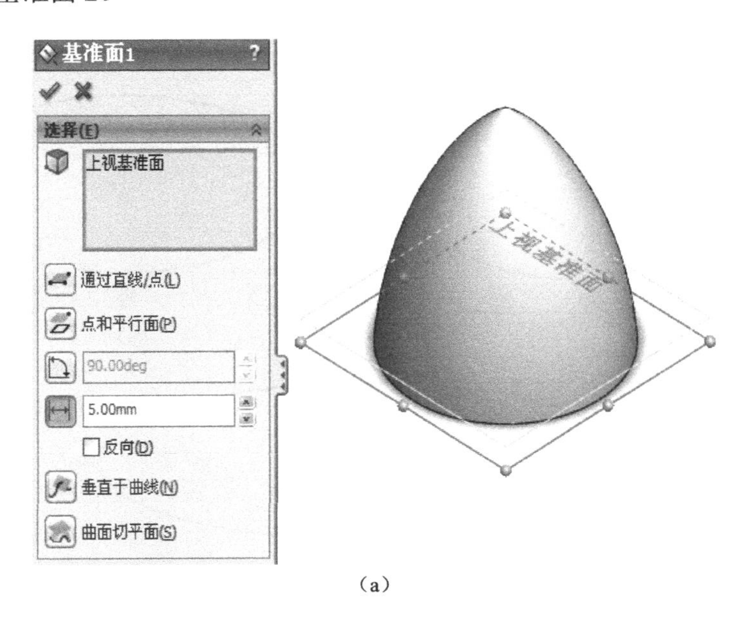

（a）

图 2.53　基准面的构建

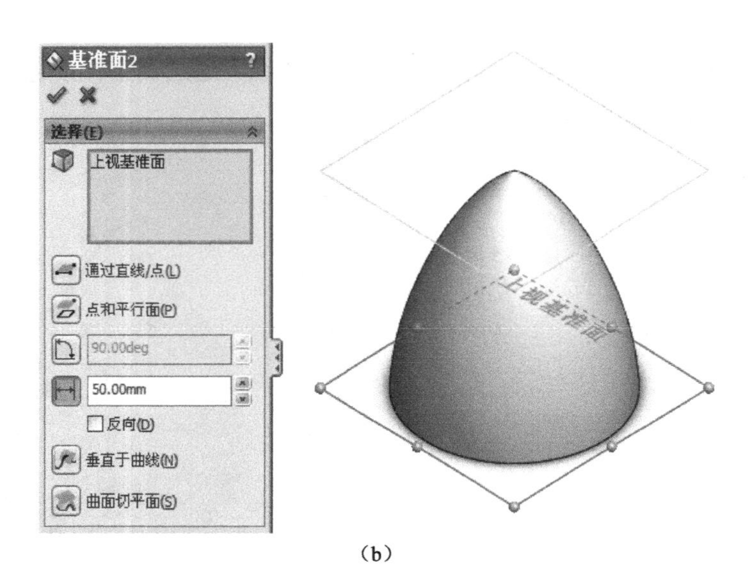

（b）

图 2.53　基准面的构建（续）

第三步：依次选择上视基准面、基准面 1 和基准面 2 作为草绘平面，并分别绘制图 2.54（a）、（b）和（c）所示的草图，这三个草图是完成喇叭形造型所必需的三个截面轮廓草图。在“特征”工具栏中选择“放样”特征，按照图 2.54（d）所示依次选择这三个草图，同时要注意选择草图上适当的点，推荐选择三个草图同一侧的点，这样软件就会自动根据所选点来构建基础放样的引导轨迹。

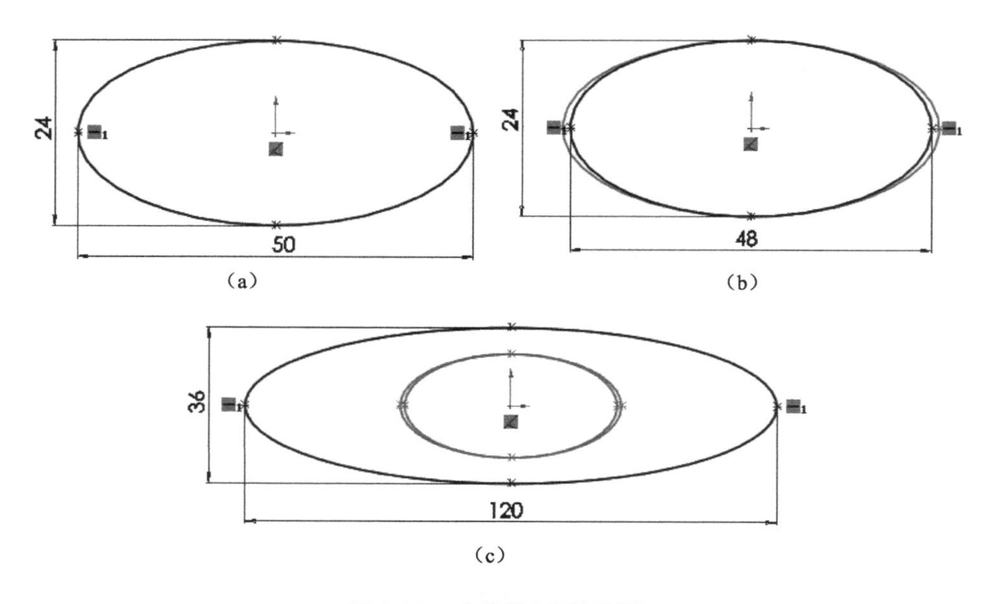

（a）　（b）

（c）

图 2.54　喷嘴喇叭形的造型

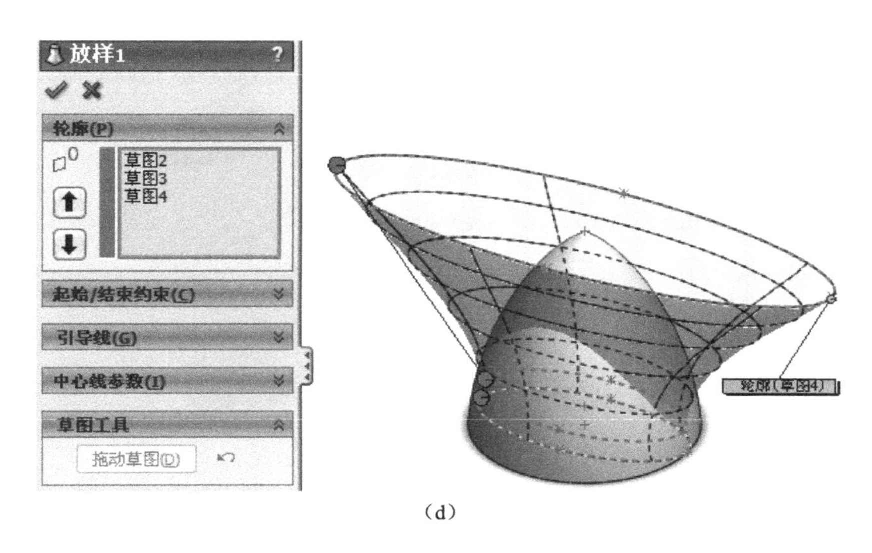

（d）

图 2.54　喷嘴喇叭形的造型（续）

第四步：选择前视基准面作为新的草绘平面，并绘制图 2.55（a）所示的草图。利用拉伸切除特征，按照图 2.55（b）所示进行拉伸切除参数的设置。这里要注意的是在两个拉伸方向的终止条件都选择“完全贯穿”。这样就成功完成了喇叭口的曲面造型。

第五步：采用圆角功能实现喇叭形体和圆锥体之间的光滑过渡（见图 2.56）。

第六步：在“特征”工具栏中选择“抽壳”特征按照图 2.57 所示设置好壳体的厚度，并选择喇叭口上表面及底面作为开口面，抽壳结果如图 2.57 所示。

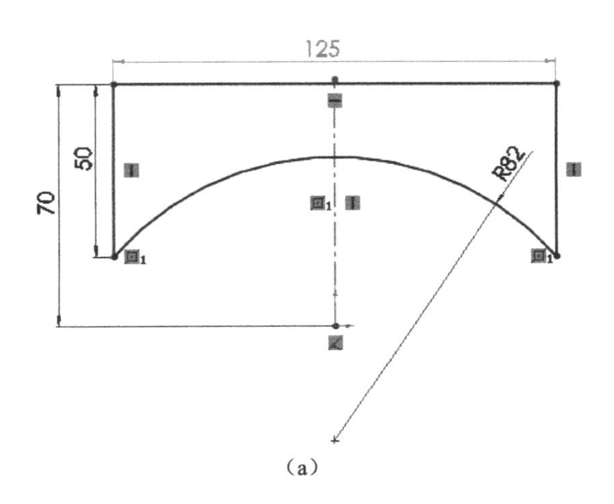

（a）

图 2.55　喇叭口曲面的造型

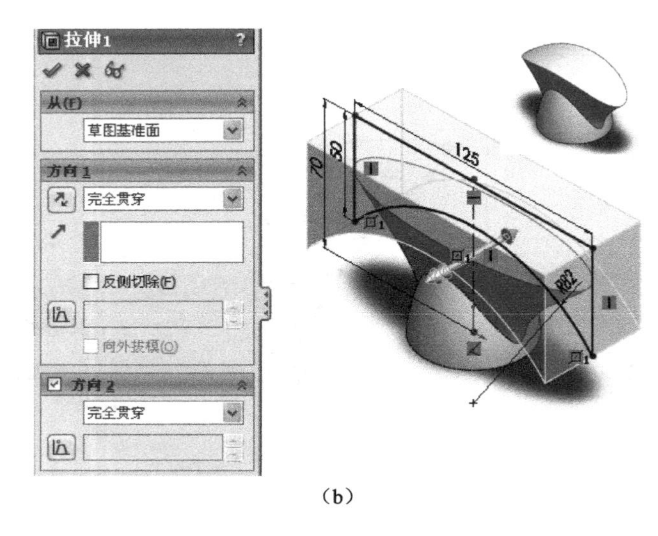

（b）

图 2.55　喇叭口曲面的造型（续）

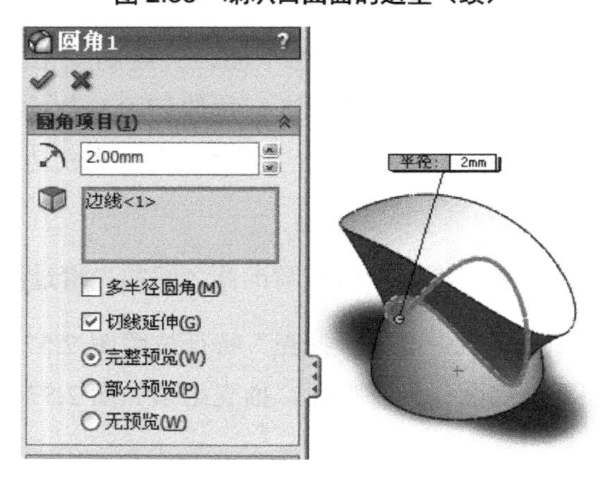

图 2.56　衔接部分的圆角过渡

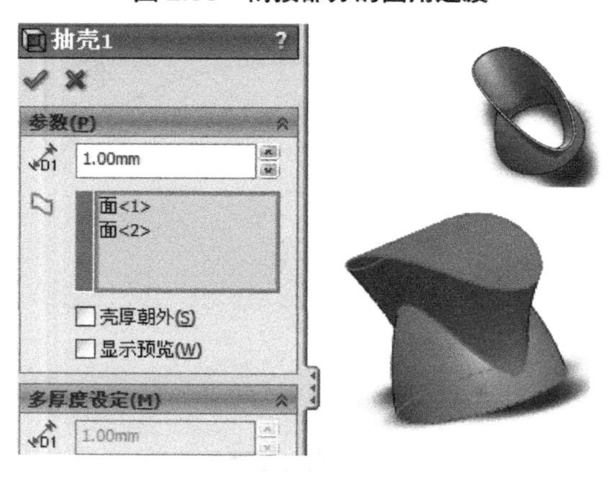

图 2.57　抽壳

第七步：选择上视基准面作为新的草绘平面，并绘制图 2.58（a）所示的草图。这个草图由两个同心圆组成。内圆是将壳体内侧圆用转换实体引用工具获得的。外圆采用草图绘制工具中的圆心半径工具绘制，圆的直径为 49mm。采用拉伸基体特征生成衔接部分的圆柱体结构［见图 2.58（b）］。这部分圆柱体是用于和吹风机本体实现扣合连接的。

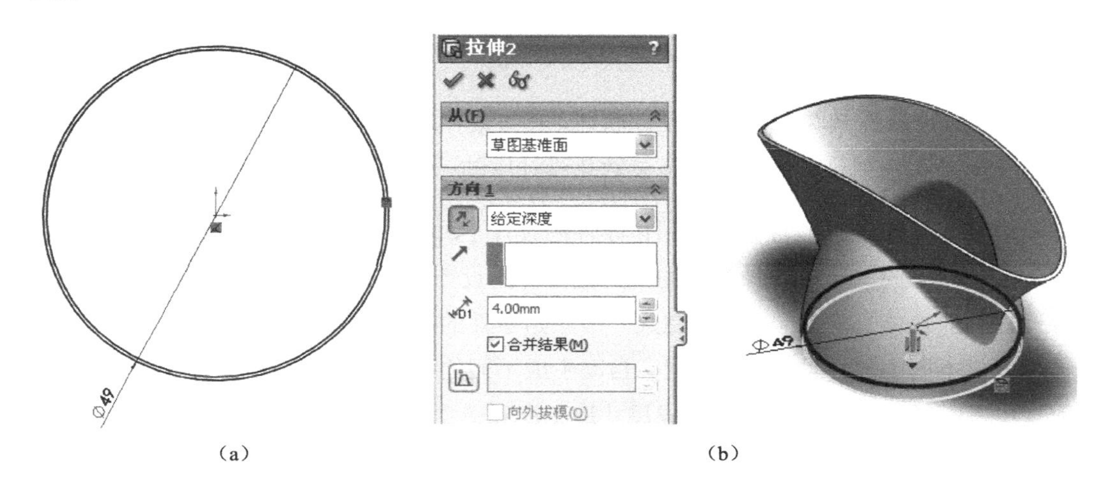

图 2.58　喷嘴和吹风机衔接体的造型

第八步：按照图 2.59 所示采用圆角功能对喷嘴进行美化，保证喷嘴整体的光顺性。

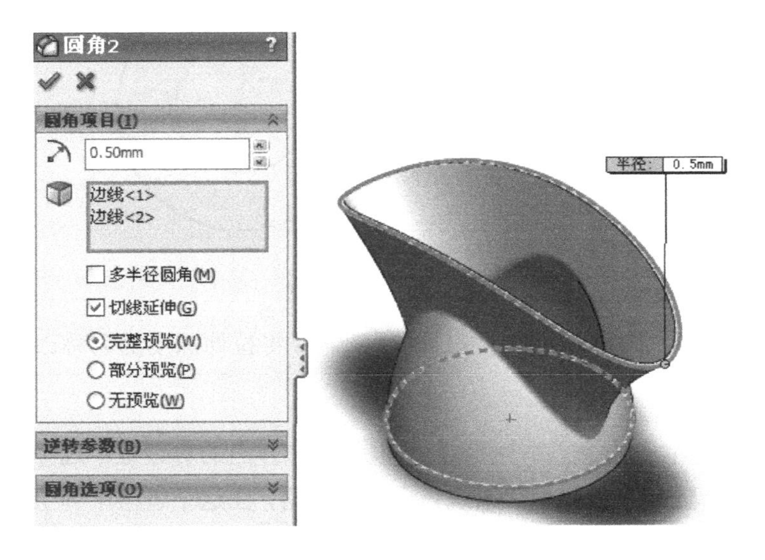

图 2.59　喷嘴美化

2.11 配置和系列化零件设计

参数化设计是将模型中的定量信息变量化，使之成为任意可调整的参数。对变量化参数赋予不同的数值，就可得到不同大小和形状的零件模型。

SolidWorks 是典型的参数化设计软件，其参数化功能非常强大，并且实现方法多种多样。配置和系列化零件设计就是参数化设计中的一种。

机械零件设计中经常会有系列化零件的设计，如标准件。这种零件的特点是外形相同，但尺寸不同。对于这种类型的系列化零件的设计，在 SolidWorks 中提供了系列零件设计表的功能。设计者只需要完成一个原始零件的设计造型，然后通过在系列零件设计表中把不同的尺寸输入，系统就会自动生成不同的配置。用户可以非常方便地在不同配置中进行转换，系统会自动完成尺寸地变换和造型。本实验以一个垫片的造型为例，训练学生掌握系列化零件设计的功能。

在上视基准面中绘制图 2.60 所示的草图。在尺寸标注时，为了方便后面的系列化零件设计，分别将内外径的名称修改为外径 D2 和内径 D1，如图 2.60 所示。

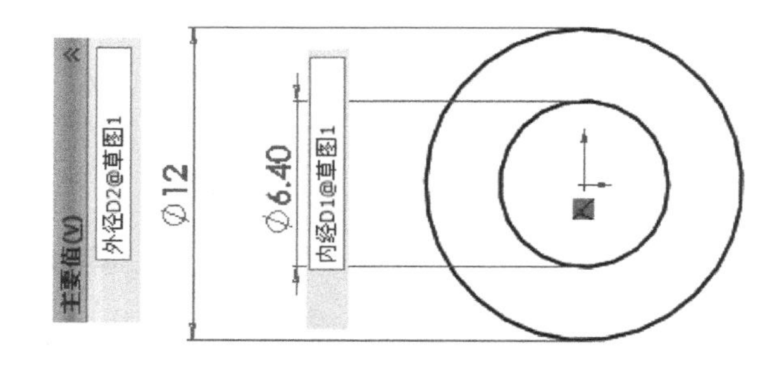

图 2.60 垫片草图

用拉伸实体特征完成垫片的造型。同时，需要将拉伸深度的名称改为厚度 h，如图 2.61 所示。

在“插入”菜单中选择“系列零件设计表”，在弹出的对话框中选择垫片的外径、内径和厚度三个尺寸参数。这时，系统弹出一个表格，在这个表格中列出了所选择的关键尺寸参数，按照这个系列的零件的尺寸逐项输入相关的尺寸数据，如图 2.62 所示。单击建模空间任意一点就可以退出系列零件设计表的输入。这时，在配置栏中，系统会根据系列零件设计表中输入的数据自动生成这个系列中的所有零件。用户只需要双击其中任何一个配置，系统就会显示这个配置对应的零件造型（见图 2.63）。

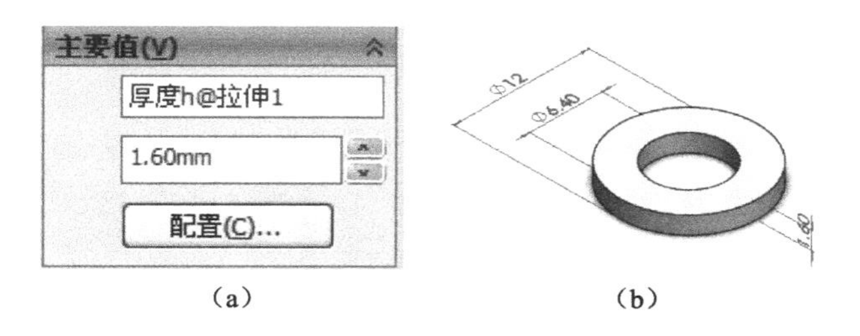

（a）　　　　（b）

图 2.61　垫片的造型

	A	B	C	D	E	F	G
1	系列零件设计表：　零件1						
2		内径D1@草图1	外径D2@草图1	厚度h@拉伸1			
3	6	6	12	2			
4	8	8	16	2			
5	10	11	20	2			
6	12	13	24	3			
7	14	15	28	3			
8	16	17	30	3			
9							
10							

Sheet1

图 2.62　垫片系列零件尺寸

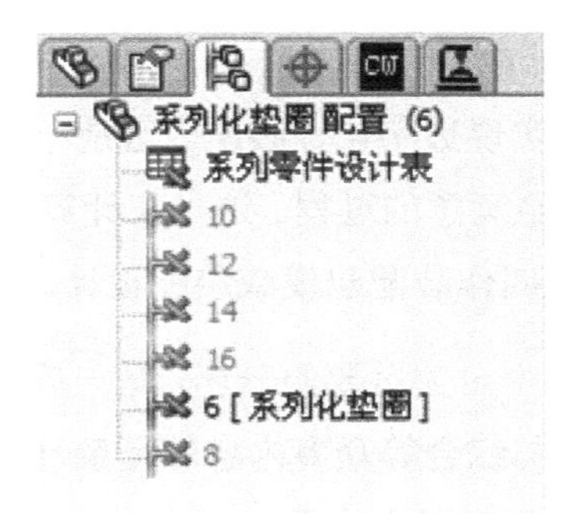

图 2.63　系列化垫圈配置

学会运用系列零件设计表，用户可以通过编辑这个表格来设计系列化、标准化的零件。

第3章

基于 SolidWorks 轮架的装配设计

3.1 概述

传统的产品在装配设计过程中不仅要求设计产品的各个组成零件的完整，而且要建立装配结构中各零件间的连接关系和配合关系。在 CAD/CAM 系统中，完成零件造型的同时，同样可以采用装配设计的原理和方法在计算机中形成一个完整的数字化装配方案，建立产品装配模型，以及实现数字化预装配。这是一个一边进行虚拟装配，一边不断对产品进行修改、编辑，直至满意的过程。这种在计算机上将产品的零件装配在一起形成一个完整的装配体的过程叫作装配建模或装配设计。

装配设计是产品设计过程中至关重要的一环，是一项涉及零件构型与布局、材料选择、装配工艺规划、公差分析与综合等众多内容的复杂性、综合性工作，在产品设计中具有重要的意义，主要表现在以下几个方面。

（1）优化装配结构。装配设计的基本任务是从原理方案出发，在各种因素制约下寻求装配结构的最优解，由此拟定装配方案。

（2）改进装配性能，降低装配成本。装配的基本要求是确保产品的零件能够装配正确，同时确保产品装配过程简单，从而尽可能降低装配的成本。

（3）产品具有可制造性的基础和依据。制造的最终目的是能够形成满足用户要求的产品，考虑可装配性必须先于可制造性。一旦离开了产品可装配性这一前提，谈论可制造性便是毫无意义的，因而装配设计是产品可制造性的出发点。

（4）产品并行设计的技术支持和保障。产品并行设计是一种对产品及其相关过程（包括设计制造过程和相关的支持过程）进行并行和集成设计的系统化工作模式。并行设计强调在产品开发的初期阶段，就要考虑产品整个生命周期（从产品的工艺规划、制造、装配、检验、销售、使用、维修到产品的报废为止）的所有环节，建立产品寿命周期中各个阶段性能的继承、约束关系及产品各个方面属性间的关系，以追求产品在寿命周期全过程中的性能最优，从而更好地满足客户对产品综合性能的要求，并减少开发过程中对产品反复地修改，进而提高产品的质量、缩短开发周期并大大地降低产品的成本。产品在并行设计过程中是通过 DFA、DFM 等设计技术来实现和保证的，装配在生产过程中的支持地位确定了装配设计的主导作用。

3.2　装配模型

装配模型是装配建模的基础，建立产品装配模型的目的在于建立完整的产品装配信息表达。装配模型的作用：一方面使系统对产品设计能够进行全方面支持；另一方面可以为新型 CAD 系统中的装配自动化和装配工艺规划提供信息源，并对设计进行分析和评价。

1. 装配模型的特点

产品装配模型是一个支持产品从概念设计到零件设计，并能完整、正确地传递不同装配体设计参数、装配层次和装配信息的产品模型。它是产品设计过程中数据管理的核心，是产品开发和支持灵活设计变动的强有力工具。装配模型具有以下特点。

- 能完整地表达产品装配信息。装配模型不仅描述了零件本身的信息，而且还描述了零件之间的装配关系及拓扑结构。
- 支持并行设计。装配模型描述了产品设计参数的继承关系和其变化约束机制，保证了设计参数的一致性，从而支持产品的并行设计。

2. 装配模型的结构

在产品中零件的装配设计往往是通过相互之间的装配关系表现出来的，因此装配模型的结构应能有效地描述产品零件之间的装配关系，装配模型之间的关系主要有以下几种。

1）层次关系

产品是由具有层次关系的零件组成的系统，表现在装配次序上，就是先由零件组装成装配体（部件），再参与整机的装配。

2）装配关系

装配关系是零件之间的相对位置和配合关系的描述，它反映了零件之间的相互约束关系。装配关系的描述是建立产品装配模型的基础和关键。根据产品的特点，可以将产品的装配关系分为 3 类：几何关系、连接关系和运动关系。几何关系主要描述实体模型的几何元素之间的相互位置和约束关系。

3.3 装配约束

在装配建模过程中不同零件之间的相对位置关系一般通过装配约束、装配尺寸和装配关系 3 种方式将各零件装配在一起。其中配合约束和自由度是最重要的装配约束参数。

1. 自由度

自由度是指零件具有的独立的运动规律。零件的自由度描述了零件运动的灵活性，自由度越大，则零件运动越灵活。在空间中一个没有施加任何约束的零件具有 6 个自由度，即绕 3 个坐标轴的转动和沿 3 个坐标轴的移动。在工程中零件的装配过程，实际上就是一个约束限位的过程。通过约束来确定两个零件或多个零件之间的相对位置关系，以及它们的相对几何关系。

2. 配合约束

装配建模的过程可以看成是对零件的自由度进行限制的过程。在 SolidWorks 中，可利用多种实体或参考几何体来建立零件间的配合约束关系。其最常见的配合约束主要包括重合约束、平行约束、距离约束、相切约束、垂直约束、角度约束和同轴心约束。

1）重合约束

重合约束是一种最常用的配合约束，它可以对所有类型的物体进行安装定位。使用重合约束可以使一个零件上的点、线、面与另一个零件上的点、线、面重合在一起。由于实际装配过程中零件大多采用面的重合进行约束，所以，面的重合应用最为普遍。

2）平行约束

平行约束定位所选项目保持同向、等距。平行约束规定了平面的方向，但并不规定平面在其垂直方向上的位置。平行约束主要包括面-面、面-线、线-线。

3）距离约束

距离约束是指将所选项目以彼此间指定的距离定位。当距离为0时，该约束与重合约束相同，也就是说，距离约束可以转化为重合约束，但重合约束不能转化为距离约束。

4）相切约束

相切约束是指两个面（其中必有一个是圆柱面、圆锥面或球面）以相切的方式进行配合。

5）垂直约束

垂直约束是指所选对象互相垂直。

6）角度约束

角度约束是指在两个零件的相应对象之间定义角度约束，使相配合的零件具有一个正确的方位。角度是两个零件的相应对象之间的方向矢量的夹角。

7）同轴心约束

同轴心约束是指所选对象（圆弧或圆柱面等）定位在同一点或同一轴线上。

3.4 轮架的装配

轮架装配体如图 3.1 所示。这个轮架装配体主要由 4 个零件组成，分别为轮架、轮子、轴和开口销。通过本实验使学生掌握自下而上装配设计中的基本方法，主要包括以下两个方面。

- 零件是如何调入装配环境中的。
- 根据设计要求，如何通过配合约束实现装配。

图 3.1 轮架装配体

进入 SolidWorks 装配环境中插入零件。首先插入支架零件，然后插入轮子，如图 3.2 所示。这时在 SolidWorks 装配环境中就有了两个需要装配的零件。

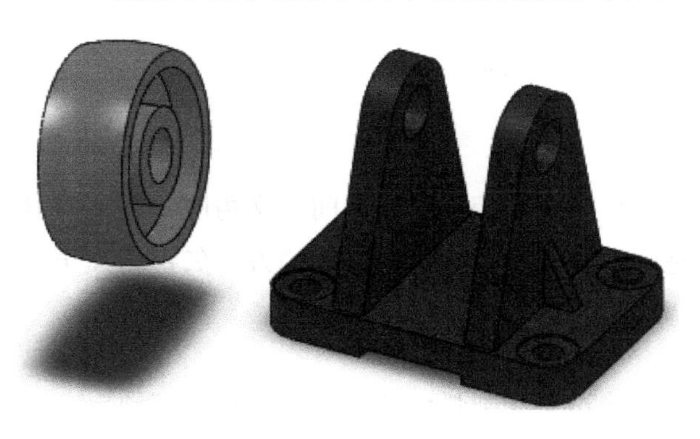

图 3.2 装配零件的插入

运用 SolidWorks 中的配合约束进行装配，确定轮子和轮架的关系。轮和支架的配合如图 3.3 所示。

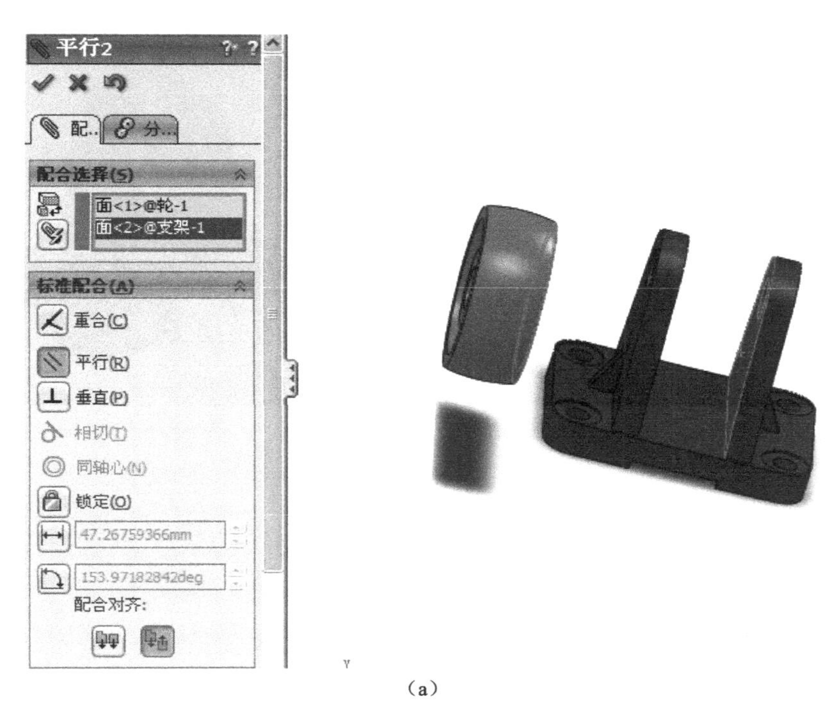

（a）

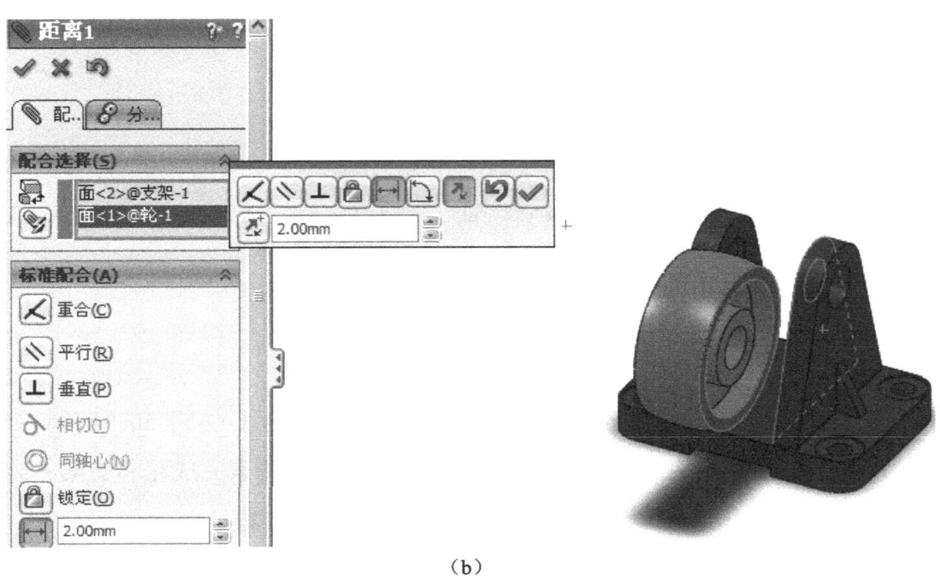

（b）

图 3.3　轮和支架的配合

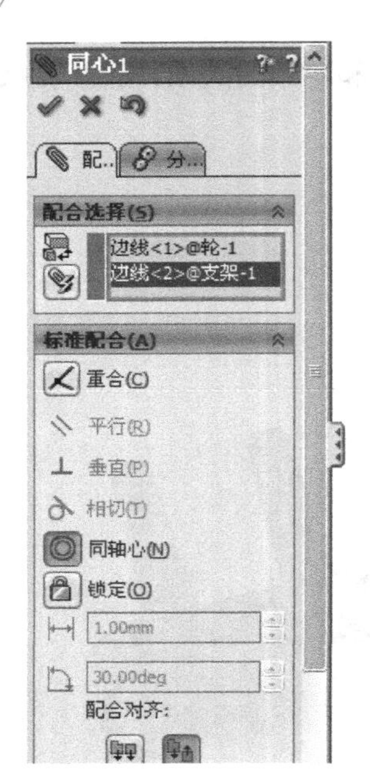

（c）

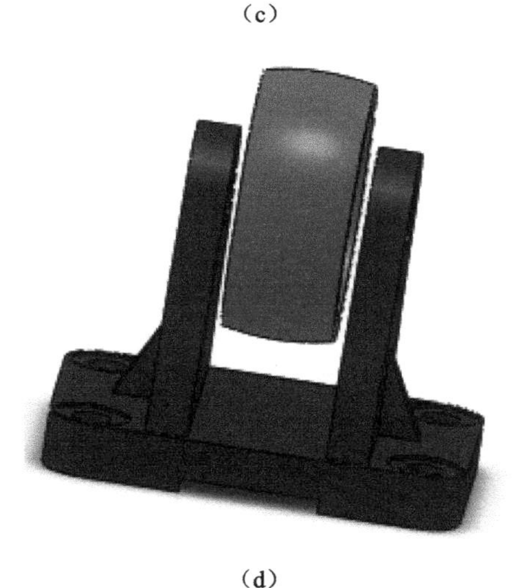

（d）

图 3.3　轮和支架的配合（续）

依次通过选择“平行”[见图 3.3（a）]、“距离”[见图 3.3（b）] 和“同轴心”[见图 3.3（c）]这三个配合约束关系，正确选择需要配合的几何要素完成轮和支架的装配，其中距离约束的值为 2mm。装配的最终结果如图 3.3（d）所示。

按照图 3.4 所示插入零件轴，需要定义轴和子装配体的配合关系。首先，通过定义轴的圆心和支架孔的圆心同轴心来确定轴的方向；其次，定义轴的一个面和支架孔的外侧表面重合，从而确定轴穿过支架孔和轮孔后在轴向位置。轴和子装配体的配合如图 3.5 所示。

图 3.4　装配零件轴的插入

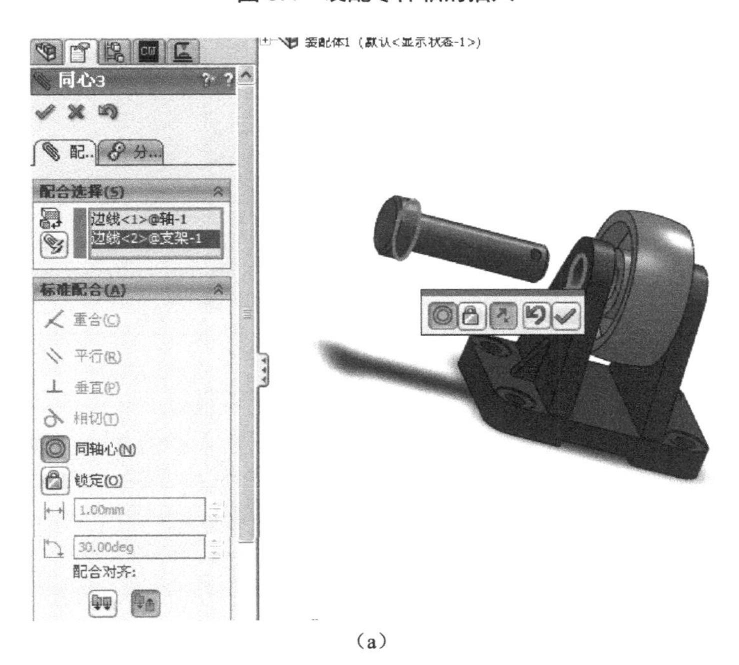

（a）

图 3.5　轴和子装配体的配合

（b）

图 3.5 轴和子装配体的配合（续）

在设计库中选择“GB”→“开口销”命令，如图 3.6 所示。将开口销拖入到装配环境中。打开视图菜单并勾选“临时轴”复选框。这时，在 SolidWorks 装配环境中就可以看到各个临时轴线。

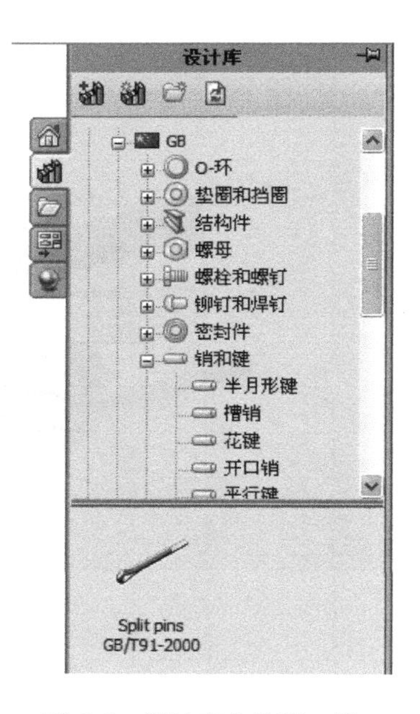

图 3.6 设计库中的开口销

运用图 3.7 所示的三种配合约束来完成开口销的安装定位。首先，运用开口销的临时轴和轴上销孔的临时轴重合的配合；其次，运用开口销上的孔的轴线和轴的轴线的距离为 7mm 的配合；最后，定义开口销孔的轴线和支架底面平行来定位，得到图 3.1 所示的完整装配造型。

重合8 (轴<1>,Split pins<2>)
距离3 (Split pins<2>,轴<1>)
平行1 (支架<1>,Split pins<2>)

图 3.7　开口销和轴的配合

第 4 章

基于 SolidWorks 的工程图生成技术

4.1 概述

工程图是表达设计者思想，以及加工和制造零件的依据。在实际生产中，指导生产制造的技术文件主要是工程图。工程图是由一组视图、尺寸、公差、技术要求、标题栏及明细表等几个部分组成的。

当 3D 模型创建好之后，用 SolidWorks 的工程图模块不但能够将零件或装配体直接转换为工程图，而且零件、装配体和工程图的数据都具有全相关性。对零件或装配体所做的任何更改，工程图文件都会做出相应更新。

在 SolidWorks 工程图中会用到许多专业术语，其中包括图纸、图纸格式、模板和视图。

（1）图纸：在 SolidWorks 工程图中可以将图纸理解为一张实际的绘图用纸，图纸用来放置视图、尺寸和注解。

（2）图纸格式：在 SolidWorks 工程图中有些内容保持相对稳定，如工程图的图幅大小、标题栏设置、零件明细表等，这些统称为图纸格式。

（3）模板：在创建零件和装配体工程图时，首先要选择一个工程图的模板。在

SolidWorks 中为工程图提供了一系列样式模板，用户也可以自定义模板。

（4）视图：一般来说，工程图包含几个由模型直接建立的视图，也可以由现有的视图建立新视图。模型可同时生成三个标准的正交视图，即主视图、俯视图和左视图，此为默认设置。

本章实验的目的是使学生掌握以下内容。

- 工程图纸模板的制作。
- 自定义工程图的环境。
- 零件的工程图的生成。
- 装配体的工程图的生成。

最终达到学生能够生成符合国标要求的零件和装配体的工程图的目的。

4.2　工程图模板的制作

在工程图模板制作时使用 SolidWorks 提供的工程图模板，可以减少新建工程图文档需要反复设置的麻烦。此外，用户也可以对工程图环境按照国家标准（GB）的需要进行定制，然后保存为工程图模板。下面将讨论如何定制符合 GB 要求的 A3 横向工程图模板。

单击“新建”按钮，选择“工程图”，单击“确定”按钮进入工程图环境。在“图纸格式/大小”对话框中选择“A3-横向”图纸格式，同时关闭“模型视图”对话框，就可以得到图 4.1 所示的 A3 横向工程图模板。在设计树中选择“图纸 1”，然后右击，或者在图纸区任意位置右击，弹出“图纸 1”快捷菜单，从弹出的快捷菜单中选择“编辑图纸格式”，就可以激活图纸格式的编辑。

首先，打开“线型工具栏”[见图 4.2（a)]，创建三个图层 [见图 4.2（b)]。其次，按照图 4.2（c）所示重新编制标题栏。标题栏中各种线型要严格按照图层规定的线型来绘制标题栏的框架。再次，插入注释。在“注释”属性对话框中的引线栏中单击“无引线”按钮，按照图 4.2（c）所示在标题栏相应位置添加对应的文字。最后，选择“视图”菜单，在该菜单中选择“显示/隐藏注解”命令，然后单击标题栏中需要隐藏的所有尺寸标注，就可以将所有的尺寸隐去。隐去尺寸后的 GB-A3 工程图标题栏如图 4.3 所示。

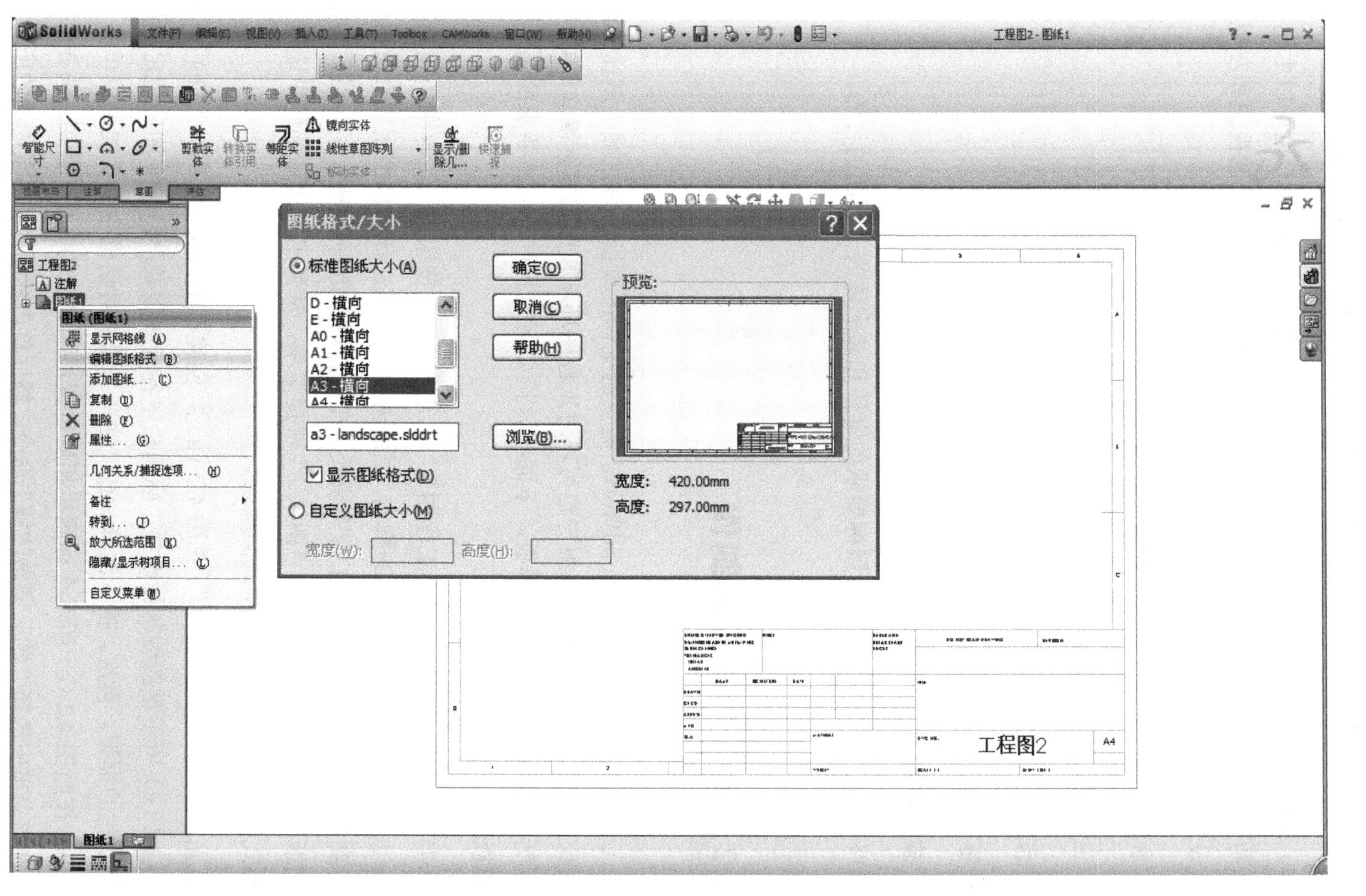

图 4.1 A3 横向工程图模板

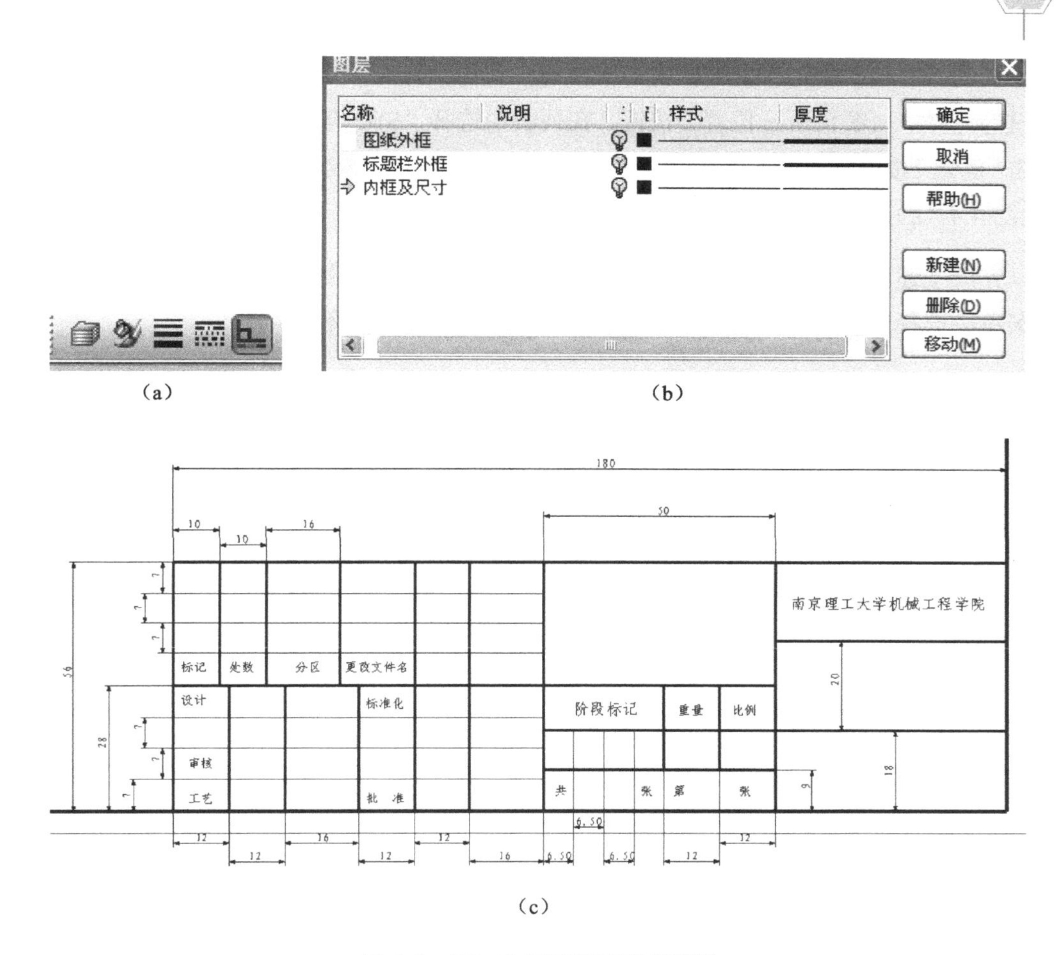

图 4.2　GB-A3 工程图标题栏模板

右击标题栏上边框的右端点（见图 4.3），在弹出的快捷菜单中选择“设定为定位点”→“材料明细表”命令，即将该点设置为材料明细表的定位点。

右端点

南京理工大学　机械工程学院

标记　处数　分区　更改文件名

设计　标准化　阶段标记　重量　比例

审核

工艺　批　准　共　张　第　张

图 4.3　隐去尺寸后的 GB-A3 工程图标题栏

在图 4.4（a）箭头所指的框中插入注释，不用输入文字。然后单击图 4.4（b）中的“链接到属性”（箭头所示位置）按钮，在列表中选择“SW-文件名称（File Name）”，再单击“确定”按钮，则在框中显示的名称为“$PRPSHEET:{SW-文件名称（File Name）}”[见图 4.4（a）]。

完成上述设置后单击图纸的空白区域，就取消了所有选择，然后右击，从弹出的快捷菜单中选择“编辑图纸格式”。这时，退出图纸格式编辑环境。

选择“文件”→“保存图纸格式”命令，将文件命名为“GB-A3 横向.slddrt”保存在默认的路径中，这样就完成了工程图模板的制作。

南京理工大学　机械工程学院

标记　处数　分区　更改文件名

设计　标准化　阶段标记　重量　比例　$PRPSHEET:{SW-文件名称(File Name)}

审核

工艺　批　准　共　张　第　张

（a）

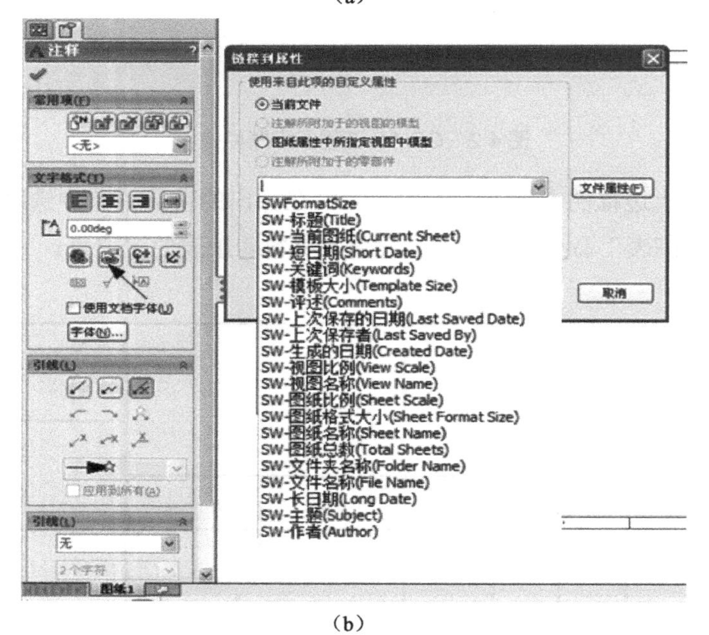

（b）

图 4.4　注解的属性联接

4.3　工程图环境

在工程图中的视图表达、字体、线型、尺寸、图纸格式等都有严格的规定。世界上不同国家和地区有着各自不同的制图标准，设计者必须根据要求创建出符合本国制图标准规定的工程图。SolidWorks 提供了 ISO、ANSI、GB 等标准，但这些标准中的某些选项与实际的要求还是有差距的，如 GB 中的字体、角度标注等，与《技术制图》中的 GB 要求有偏差，这就要求用户通过设置 SolidWorks 的工程图环境，绘制出符合 GB 新规定的图样。

在 SolidWorks 中专门为工程图提供了一些选项，用户可以根据自己的要求定义选项。工程图的选项分布在“系统选项”和“文件属性”两个选项卡中。在系统选项中的选项影响所有的工程图，而在文件属性中的选项只在当前工程图中有效。系统选项和文件属性对话框如图 4.5 所示。

图 4.5　系统选项和文件属性对话框

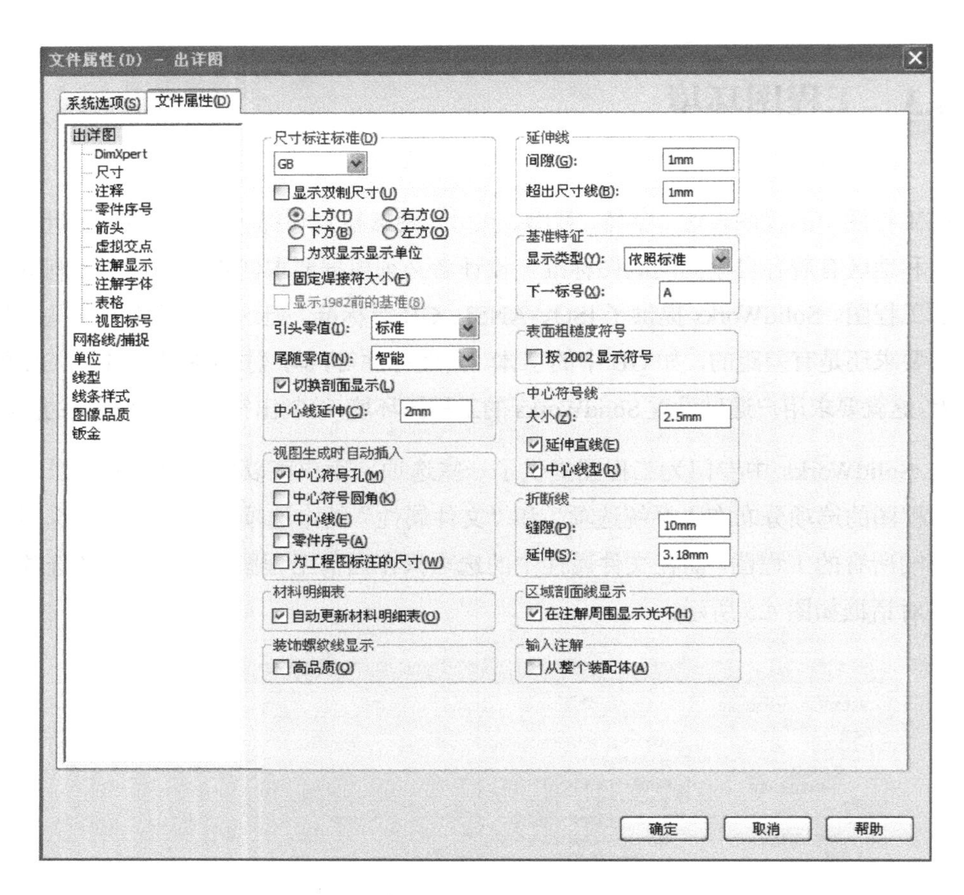

图 4.5 系统选项和文件属性对话框（续）

“文件属性”选项卡可以设定零件及装配体出详图的各种选项，主要包括以下几种。

- 设置“尺寸标注标准”。系统提供了 ISO、ANSI 和 GB 等标准。
- 设置“尺寸”。设置箭头的样式、引线和尺寸精度等。[见图 4.6（a)]
- 设置“箭头”。设置箭头的具体尺寸。[见图 4.6（b)]
- 设置“注解字体”。可以设置注释、尺寸、表面粗糙度及表格等的字体。（见图 4.7）

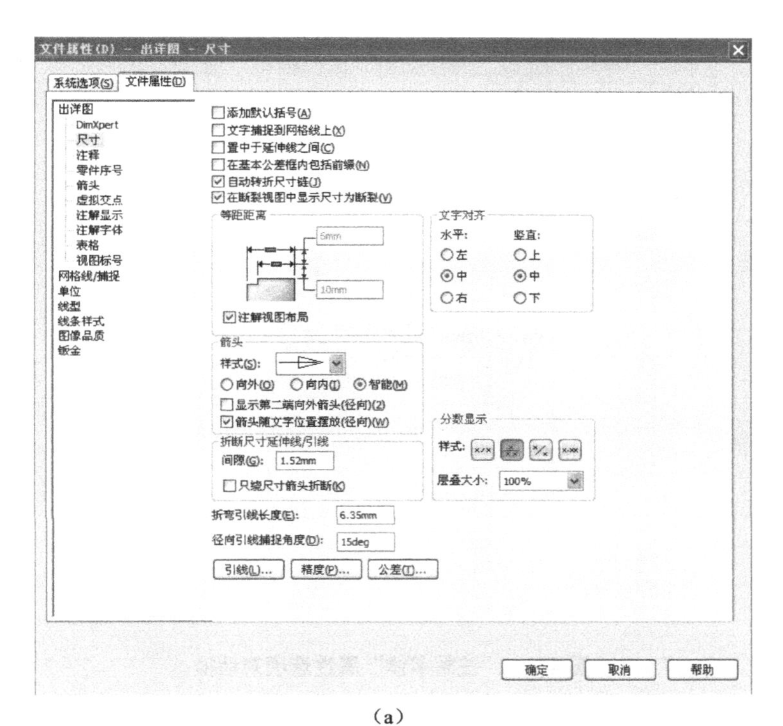

（a）

文件属性(D) － 出详图 － 箭头

系统选项(S)　文件属性(D)

出详图
DimXpert
尺寸
注释
零件序号
箭头
虚拟交点
注解显示
注解字体
表格
视图标号
网格线/捕捉
单位
线型
线条样式
图像品质
钣金

大小
1.02mm
3.3mm
6.35mm
以尺寸高度调整比例(S)

剖面/视图大小
2.03mm
6.35mm
12.7mm
以剖面视图箭头字母高度调整比例(C)

依附位置
边线/顶点(E):
面/曲面(F):
不依附(U):

直径尺寸线打折

确定　取消　帮助

（b）

图 4.6　尺寸和箭头属性选项对话框

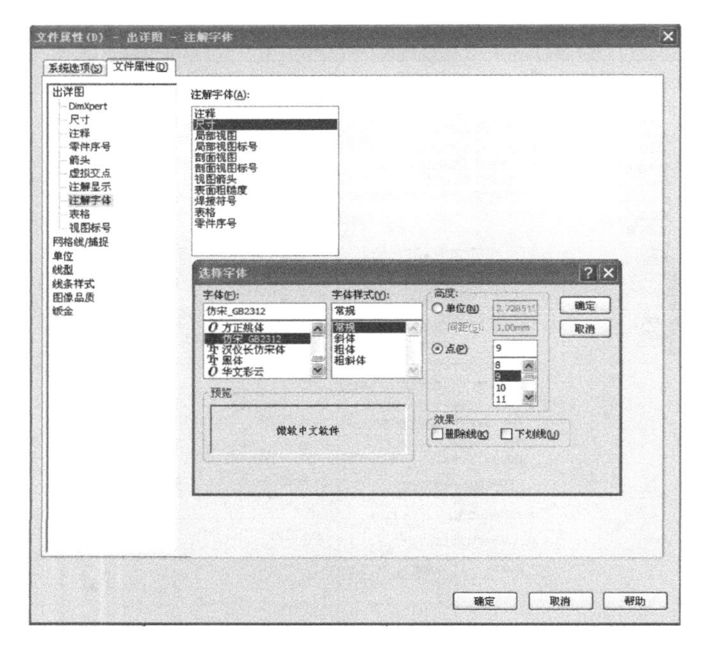

图 4.7 “注解字体”属性选项对话框

4.4 支架的工程图

单击“新建”按钮，选择“工程图”，单击“确定”按钮进入工程图环境。在“图纸格式/大小”对话框中选择“GB-A3 横向”图纸格式，再单击“确定”按钮。

在弹出的“模型视图”对话框中选择“浏览”，寻找到支架零件，并选择比例为 2∶1 生成俯视图。在“视图布局”工具栏中选择“剖面视图”，从俯视图的中心绘制剖面线进行全剖生成主视图，在弹出的“剖面视图”对话框中选择“加强筋”。按照 GB 设置剖面视图时，对于剖切到的筋、轴和标准件是不需要添加剖面线的，因此需要在对话框中将筋、轴或标准件列出。需要强调的是在支架三维造型中，创建支架的筋时必须采用加强筋特征，这样才可以在剖切时确保完成筋的选择，按照 GB 的要求得到全剖的主视图。最后运用“投影视图”工具完成右视图的生成，获得图 4.8 所示的支架零件的三视图。

运用注解中的一系列工具，如尺寸标注工具、中心线工具等，完成图 4.9 所示的支架三视图的尺寸的标注。在进行尺寸标注前，先按照 4.2 节所述的方法，完成尺寸、注解和线型等格式的定义，主要包括箭头的类型及大小、尺寸的字体和字号、剖面的字体和字号等。按照 GB 的要求，箭头采用的是实心的箭头、字体通常选用仿宋体。箭头的大小、字号的大小可以根据图纸的大小进行灵活的调整。

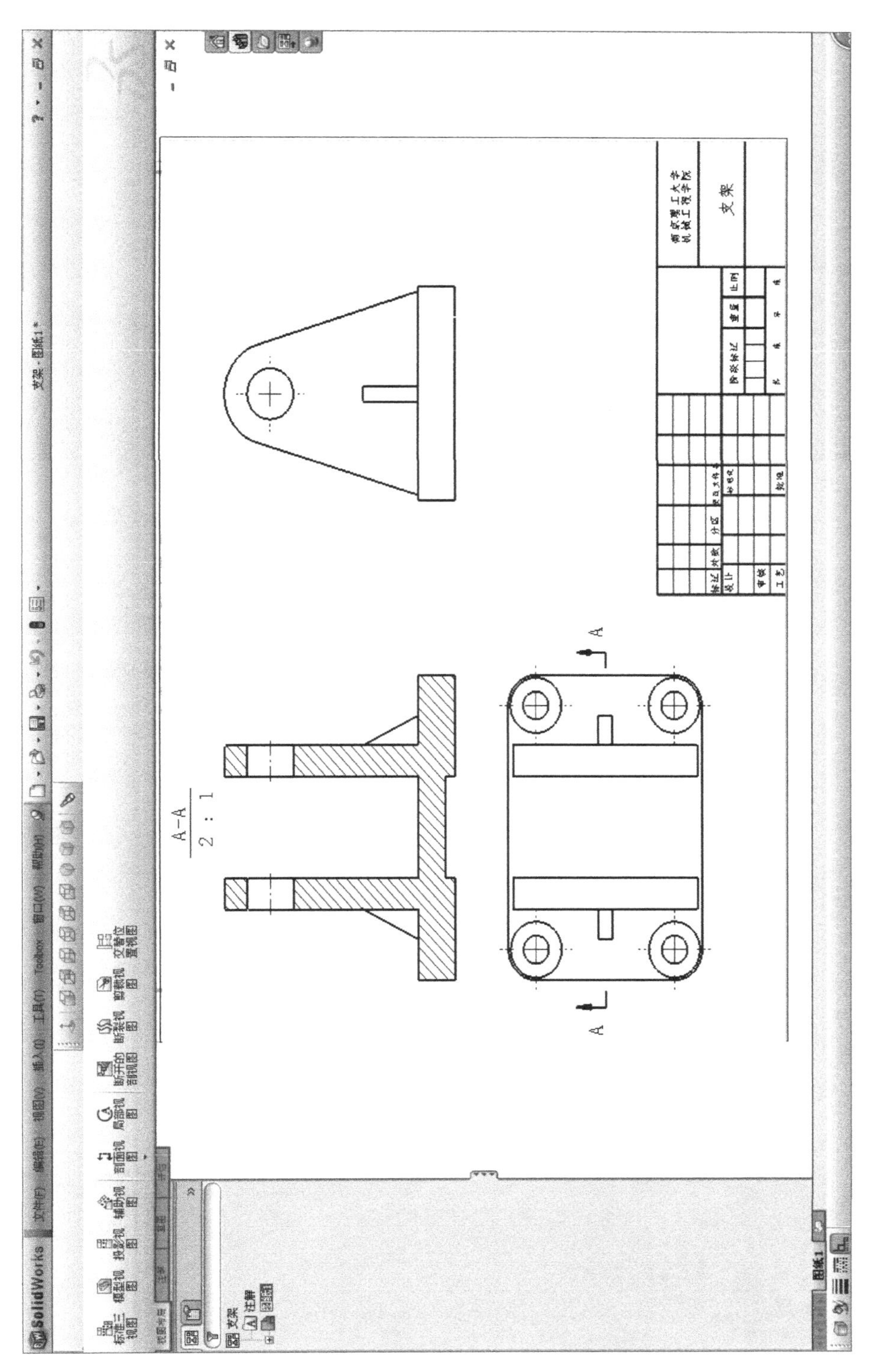

图 4.8　支架零件的三视图

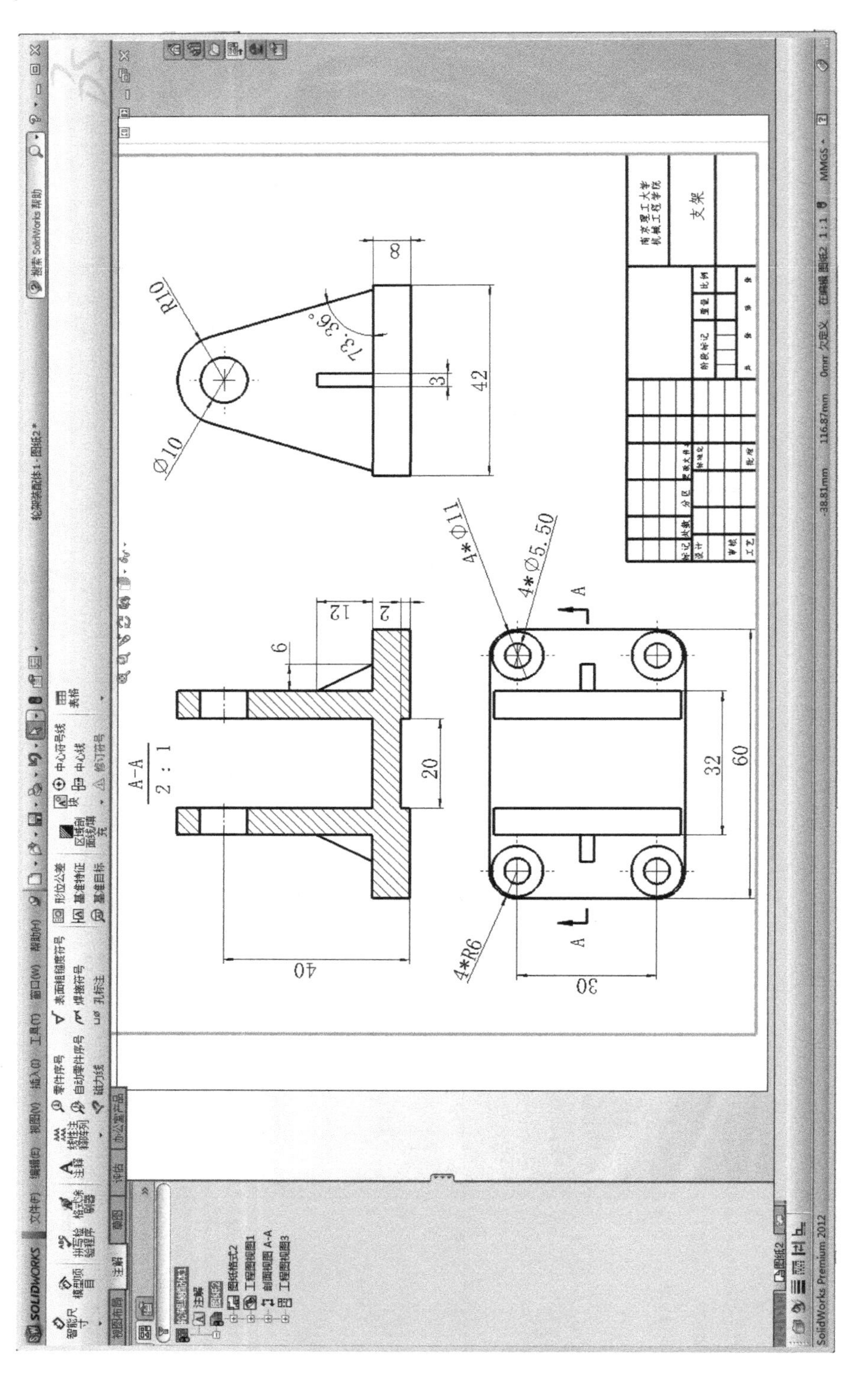

图 4.9 支架三视图的尺寸的标注

4.5　轮架的工程图

轮架是一个装配体，装配体的工程图与零件的工程图相比，装配体的工程图需要有零件序号和材料明细表等。

首先，单击“新建”按钮，选择“工程图”，单击“确定”按钮进入工程图环境。在“图纸格式/大小”对话框中选择“GB-A3 横向”图纸格式，再选择“轮架装配体”生成俯视图，并且将比例设为 2∶1。

其次，在“视图布局”工具栏中选择“剖面视图”，在俯视图中绘制一条水平的剖切线，该剖切线从中间将装配体一分为二，在弹出的“剖面视图”对话框中激活“不包括零部件/筋特征”，然后在特征设计树中选择“筋 1”、“镜向 2”、“轴”和“开口销（Splitpins）”（见图 4.10），从而软件将识别这些特征和零件，并使得剖面范围不包括这些特征和零件，单击“确定”按钮。移动光标将主视图的位置放好。

在视图布局中选择“投影视图”，单击“主视图”后移动光标，出现轴测图，再单击“确定”按钮，将轴测图摆放到主视图的右下方。为视图添加中心线和中心符号线。

在“注解”工具栏中选择“自动零件序号”功能，然后选择“主视图”，系统就会自动编出零件序号。选择“零件序号布局”中的“靠左边对齐”布局，然后移动调整布局。

选择“注解”中的“表格”→“材料明细表”命令，然后选择“主视图”，将材料明细表定位在标题栏的定位点上。轮架的三视图如图 4.11 所示。运用尺寸标注工具标注产品的长、宽、高和关键的配合尺寸。至此，完成了轮架的工程图的生成。

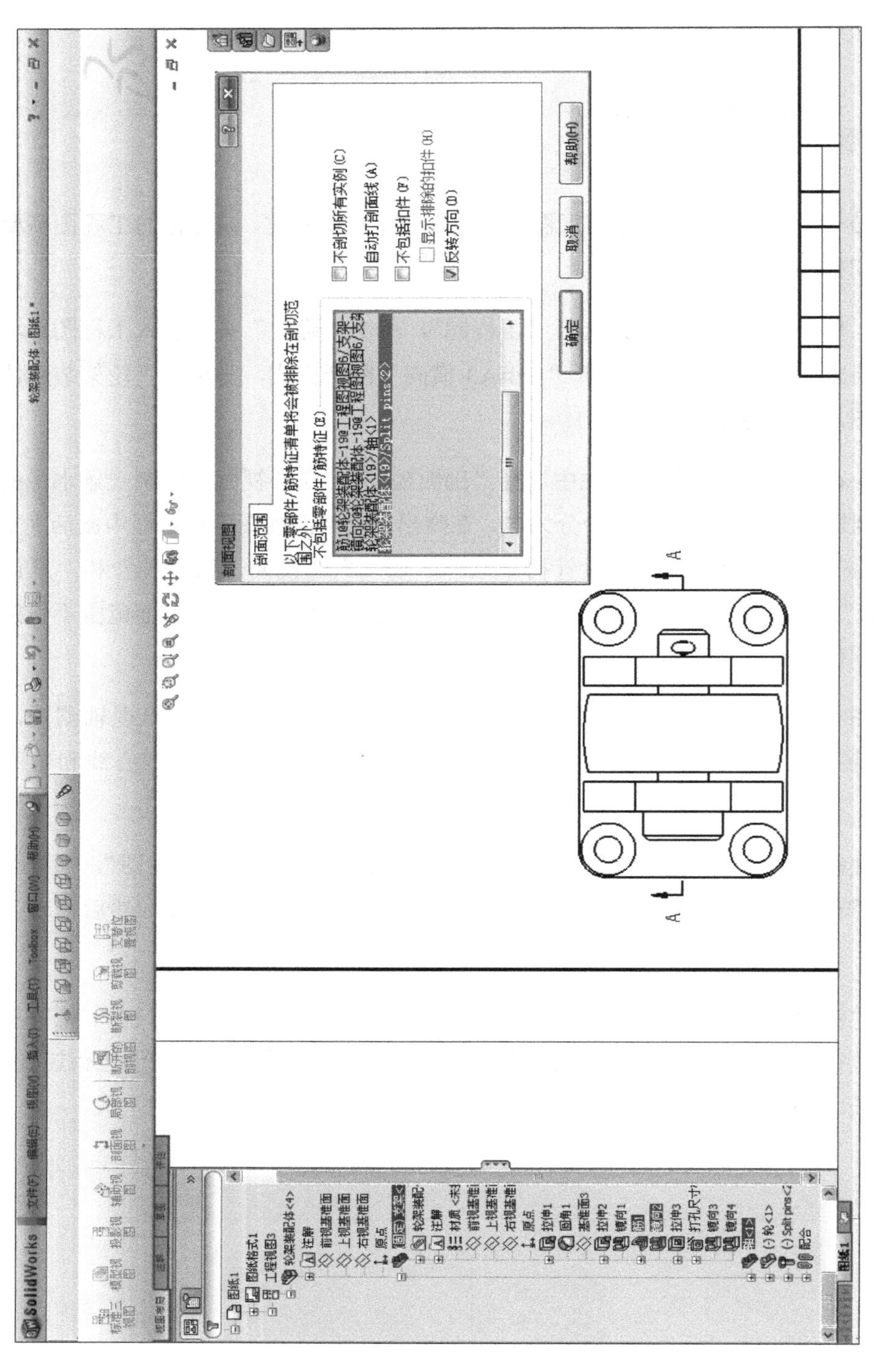
剖面视图
剖面范围
以下零部件/筋特征清单将会被排除在剖切范围之外:
不包括零部件/筋特征(E)
不剖切所有实例(C)
自动打剖面线(A)
不包括扣件(F)
显示排除的扣件(H)
反转方向(D)
确定
取消
帮助(H)
A
A

图 4.10 轮架的三视图

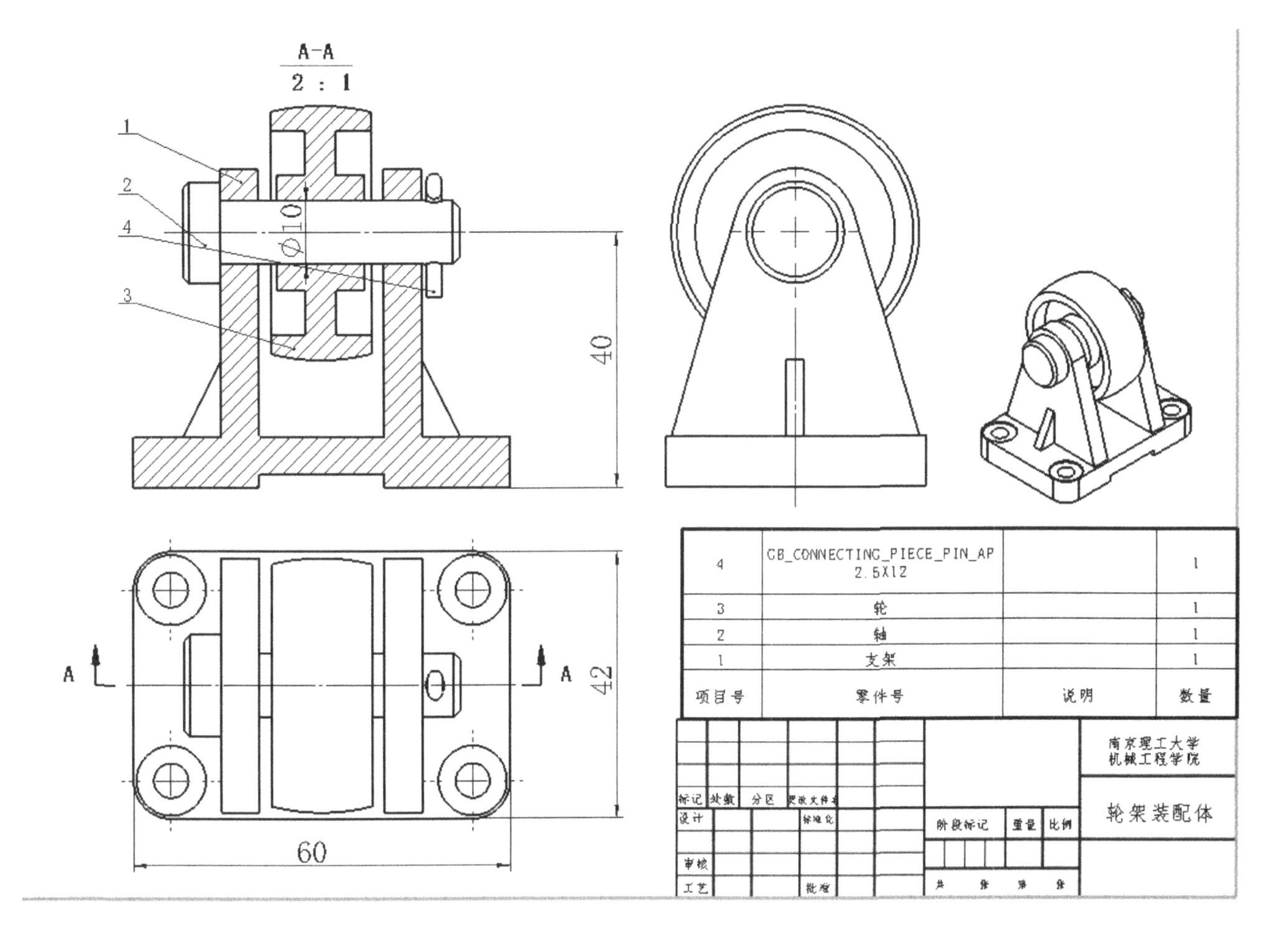
A-A
2 : 1
1
2
4
3
φ10
40
A
A
42
60
4
CB_CONNECTING_PIECE_PIN_AP
2.5X12
1
3
轮
1
2
轴
1
1
支架
1
项目号
零件号
说明
数量
南京理工大学
机械工程学院
轮架装配体
标记
处数
分区
设计
标准化
审核
工艺
批准
阶段标记
重量
比例

图 4.11　轮架的三视图

第 5 章

基于 CAMWorks 的计算机辅助制造技术

5.1 CAMWorks 的操作流程

通过本章的实验，主要实现以下目的。

- 学习并掌握 CAMWorks 的基本概念和操作流程。
- 学习并了解基于 CAMWorks 的计算机辅助制造技术。
- 学习并了解基于 CAMWorks 的铣削加工。
- 学习并了解基于 CAMWorks 的车削加工。

CAMWorks 是一个和 SolidWorks 无缝集成的第三方软件，实现了计算机辅助设计与计算机辅助制造的完美结合。该软件可以直接从 SolidWorks 建立的模型中获取几何信息。在保证产品制造信息和几何特征信息一致性的基础上，CAMWorks 能够提供完整的数控加工方法，支持多轴数控铣削、车削、线切割、激光成型、水刀切割等加工方式，并可直接在实体模型上进行数控加工仿真。

CAMWorks 能够支持各种主流的 CAD 标准文件格式，拥有上百种机床的后置处理程序，满足绝大多数用户的需求。CAMWorks 具备领先的实体特征加工技术和加工特征识别技术，并可以利用实体特征的加工技术直接对设计的实体模型进行切削和加工仿真，并且不影响实体模型的修改和编辑。CAMWorks 的刀具轨迹仿真和数控程序代码的产生都可以直接在 CAD 环境中完成。

CAMWorks 的 AFR（Automatic Feature Recognition，自动特征识别）技术和 IFR（Interactive Feature Recognition，交互式特征识别）技术能够快速、智能化地识别和提取零件几何特征，而不受 CAD 系统的构建特征的影响。CAMWorks 拥有资源丰富、功能完善的工程数据库（TechDB，Technology Database），该数据库运用了知识经验的加工技术（KBM），能够显著减少编制工序流程所需要的人员和时间。在工程数据库中提供了主流机床类型，预先设定了加工工序流程、主轴转速、进给速度、加工材料和刀具等工序参数组合。工程数据库均可以根据需要进行修改，以反映用户自身特定的加工工序，并且加工参数也可以由用户自定义。对于每个加工特征，工程数据库都会为其分配工序计划、刀具和加工参数。联合加工技术的方便和实用，能够将不同的加工特征和加工计划按照一定规律组成逻辑群组，以树状结构显示，并与模型的加工特征动态链接。标准的 Windows 图形界面为用户提供了方便、高效的检查和编辑手段，能够简化复杂刀具路径的变化，在很大程度上缩短特征改变以后重新产生刀具路径的时间。

CAMWorks 的操作流程和工具条如图 5.1 所示。其操作流程是非常简洁的。按照流程和工具条上面功能的前后顺序依次进行操作，就可以非常方便地完成零件的加工工艺、刀具路线、加工仿真和相应的数控加工程序的生成。

由图 5.1 可知，从零件模型到生成数控程序最关键的需要经过八步。

第一步：建模或导入零件（Model part in SolidWorks or import part）。

建模或导入零件是整个流程的开始。可以采用 SolidWorks 完成模型的建立，或者采用其他 CAD 软件完成建模，并将文件存成 IGS、Parasolid 或 SAT 格式，然后导入 SolidWorks 中。

第二步：切换到 CAMWorks 特征树（Change to CAMWorks Feature Tree）。

CAMWorks 与 SolidWorks 集成的管理器如图 5.2 所示。主要是加工特征树和工序计划树。选择 CAMWorks 的加工特征树标签（CW）。加工特征树提供了模型的加工信息，其初始状态中包括了配置（Configurations）、毛坯管理（Stock Manager）、机床（Machine，Mill-in）和回收站（Recycle Bin）四个项目。

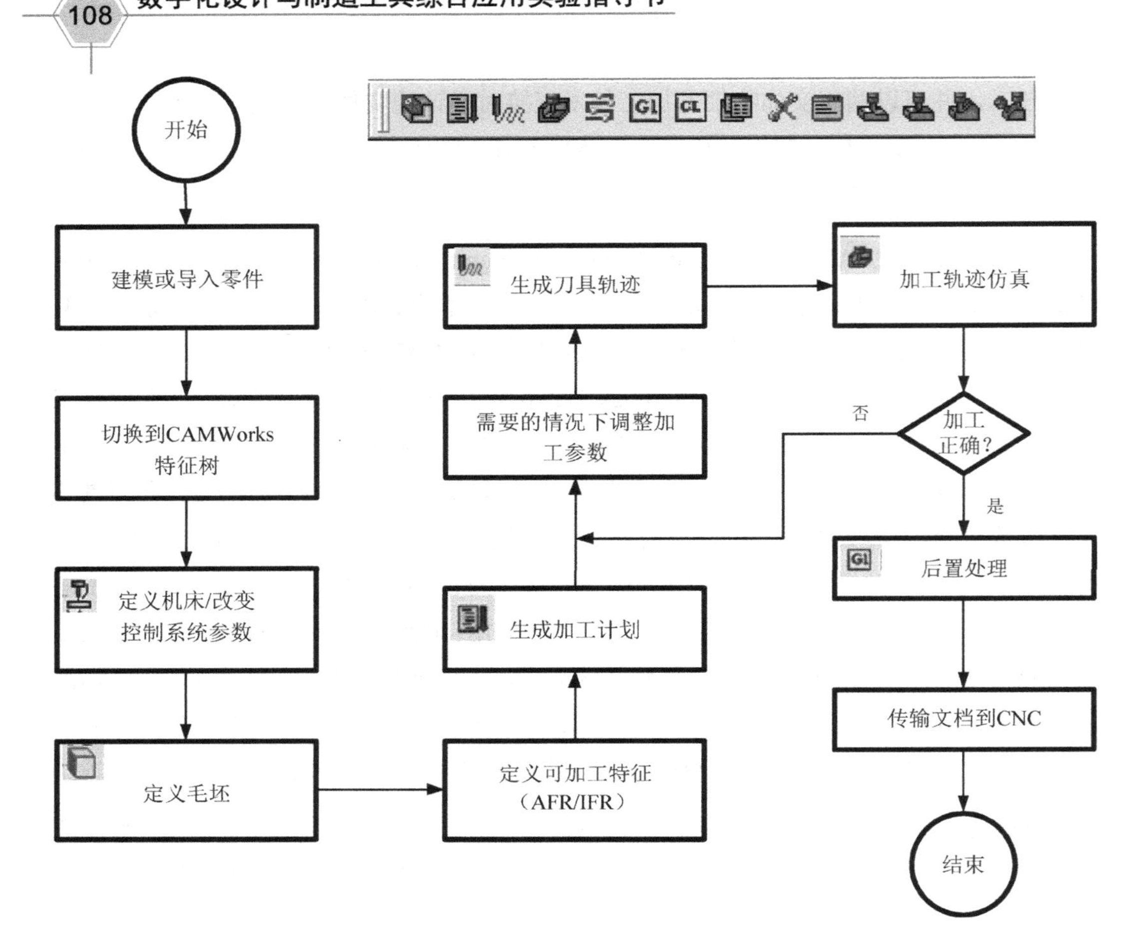

图 5.1　CAMWorks 的操作流程和工具条

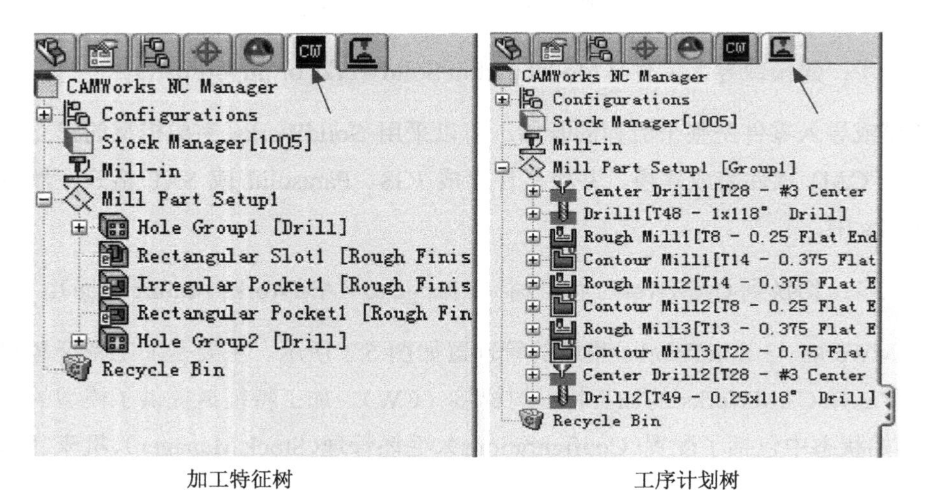

图 5.2　CAMWorks 与 SolidWorks 集成的管理器

第三步：定义机床/改变控制系统参数（Define machine/change controller parameter）。

定义机床/改变控制系统参数的关键是要确定加工类型，依据加工类型完成机床、刀具库和决定数控程序格式的后置处理器的定义。机床定义界面如图 5.3 所示，以标签的形式涵盖了机床、刀具库和后置处理程序等。最关键的是对机床、刀具库和后置处理器的定义。

① 机床的定义［见图 5.3（a）］。机床的类型包括铣床（Mill Machines）、车床（Turn Machines）、车铣复合（Mill/Turn Machines）和 EDM（Wire EDM Machines）。并且有直观的图标来区分不同的机床类型。在列出的机床中选择恰当的机床，然后单击“Select”按钮确认选择。

② 刀具库（Tool Crib）的定义［见图 5.3（b）］。刀具库中装载有子刀具库（Available tool Cribs）。在列出的子刀具库中选择一个，然后单击“Select”按钮。在刀具标签的表格中就可以看到选择的刀具库中的所有刀具，用户可以针对加工的要求对刀具库进行编辑、添加和删除操作，也可以采用默认的刀具库数据。

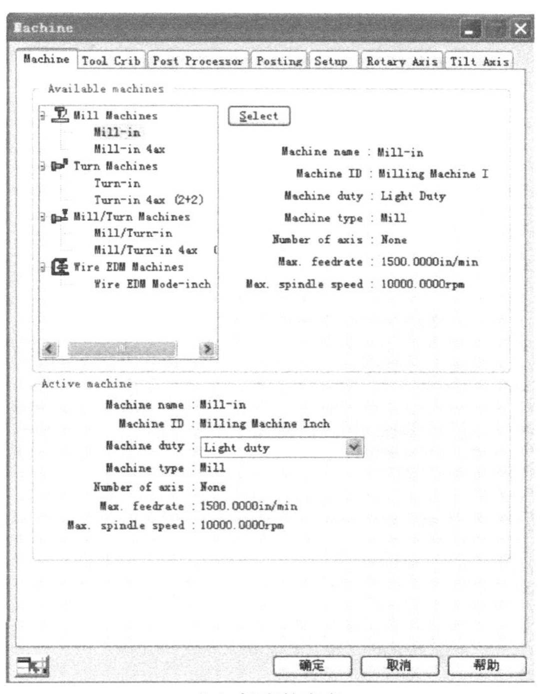

（a）机床的定义

图 5.3　机床定义界面（Machine）

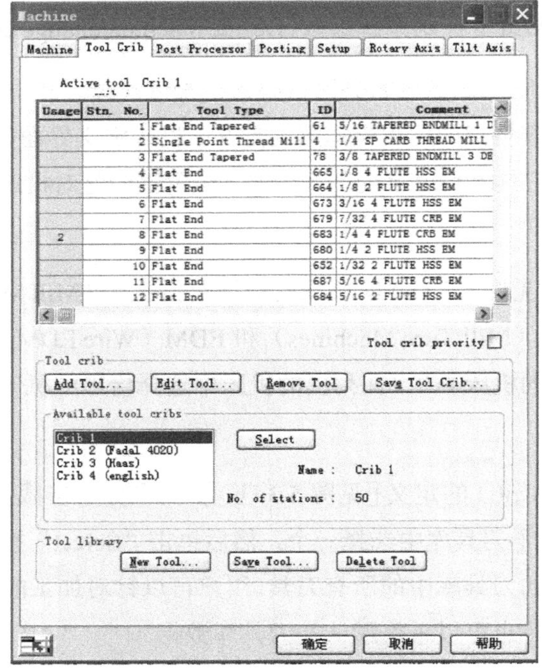

（b）刀具库的定义

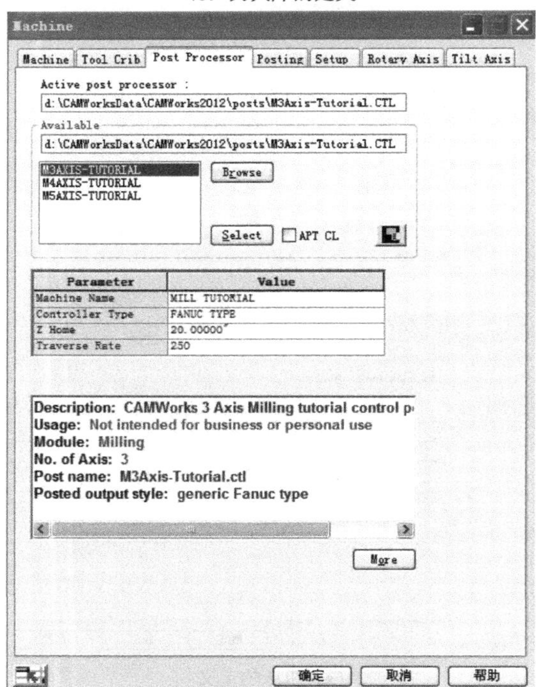

（c）后置处理器的定义

图 5.3　机床定义界面（Machine）（续）

③ 后置处理器的定义。后置处理器是和数控系统相关的，后置处理器的功能是将生成的刀位（CL）文件转换成对应的数控系统 G 代码格式的数控程序。选择列表中的“后置处理程序”，或者通过浏览找到相关的后置处理程序［见图 5.3（c）］，然后单击“Select”按钮确认选择。

第四步：定义毛坯（Define Stock）。

毛坯定义的界面（见图 5.4）包括了毛坯形状（Stock type）的定义和毛坯材料（Material）的选择。毛坯的形状有三种定义方式：包围盒、草图和 STL 文件。最常用的是第一种定义方式，即包围盒（Bounding box：包围零件的最小立方体）。软件会自动获取 CAD 模型数据显示出包围盒的线框图。通过对这个包围盒定义补偿（offset）可以实现对毛坯余量的修正，确定需要的毛坯尺寸。毛坯材料的选择只需要从材料列表中选择即可。

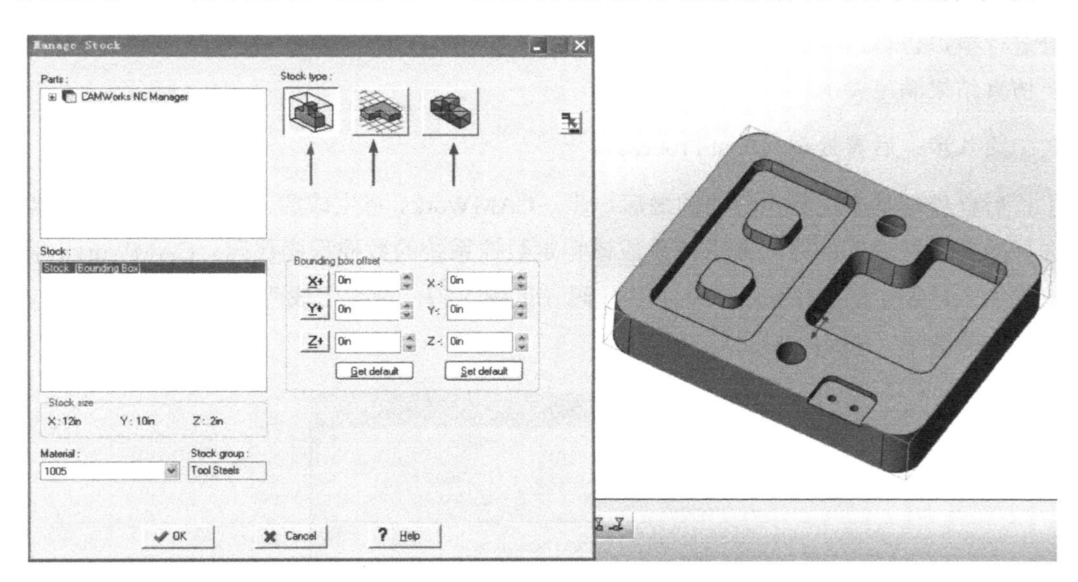

图 5.4　毛坯定义的界面（Stock Manager）

第五步：定义可加工特征（Define Machinable Features AFR/IFR）。

只有可加工特征可以在 CAMWorks 中进行加工。可以采用两种方法来定义加工特征：AFR 和 IFR。AFR 通过分析零件形状识别最常见的 2～2.5 轴的加工特征，如型腔（Pocket）、孔（Hole）、槽（Slot）和凸台（Boss）等。在定义 2～2.5 轴的加工特征时，自动特征识别可以节省大量时间。如果 AFR 无法识别需要加工的特征，这时就可以采用 IFR 手动插入需要加工的特征。

第六步：生成加工计划（Generate Operation Plan）。

一个加工计划包含可加工特征如何加工，以及数控代码如何输出的信息。生成加工计划时，对于每一个可加工特征，CAMWorks 将根据工艺技术数据库中的信息产生加工计划。如果工艺技术数据库中定义的操作还不能满足零件的加工要求，那么可以通过 IFR 插入操作和调整操作。加工计划生成后，系统自动进入图 5.2 所示的工序计划树中。在工序计划树中列出了所有加工特征设计的加工工序。

第七步：生成刀具轨迹（Generate Toolpaths）。

对于生成的加工计划，CAMWorks 可根据刀具的尺寸、类型及操作参数产生相应的刀具轨迹。刀具轨迹生成后，图 5.2 中工序计划树的字体颜色就会变成黑色。零件上显示的轨迹线代表的是刀具中心的轨迹，此时可以利用 CAMWorks 的仿真工具对加工轨迹进行模拟仿真。通过仿真对刀具轨迹和刀具等进行校验和判断，并作出适当调整，直至仿真结果满足要求。

第八步：后置处理（Post Process）。

后置处理是产生数控程序的最后一步。CAMWorks 将生成的刀位（CL）文件依据选择的后置处理器的格式要求翻译成该特定数控系统的数控程序代码。CAMWorks 将按照加工计划中的顺序依次产生 NC 代码（见图 5.5），最后生成两个文件：NC 代码文件和安装清单（Setup Sheet）。

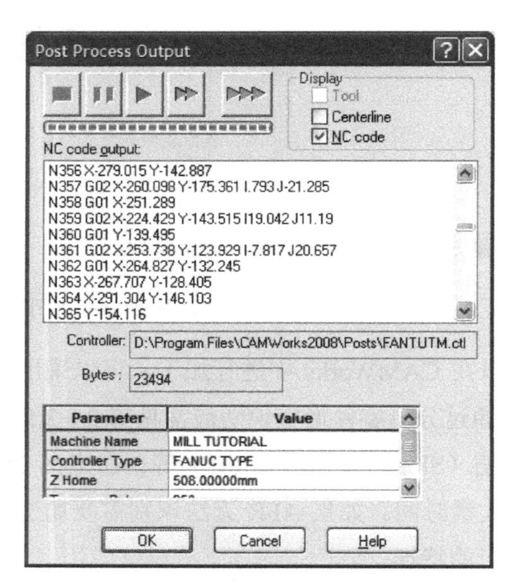

图 5.5　后置处理生成数控程序

5.2 CAMWorks 常用术语

5.2.1　刀具定义

与铣削加工相关的常用刀具有平底铣刀（Flat End）、球头刀（Ball Nose）、圆鼻刀（Hog Nose）、中心钻（Center Drill）和钻头（Drill）等［见图 5.6（a）］。所有刀具都安装在刀具库(Tool Crib)中。在图 5.6(a)的列表中显示了刀具库中所有刀具的刀号(ID)、刀具类型(Tool Type)、刀具材料(Class)、刀具直径(Dia.)和刀夹的类型(Holder Type)。使用者只需要从列表中选择所需要的刀具，然后单击“Select”按钮，系统就会自动完成刀具的更换选择。

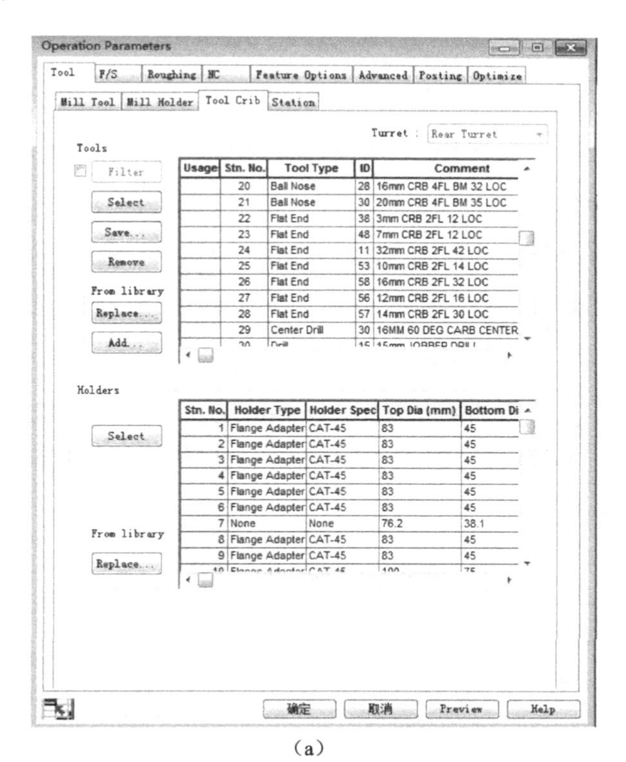

（a）

图 5.6　刀具参数定义界面

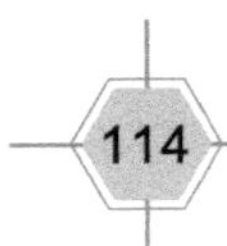

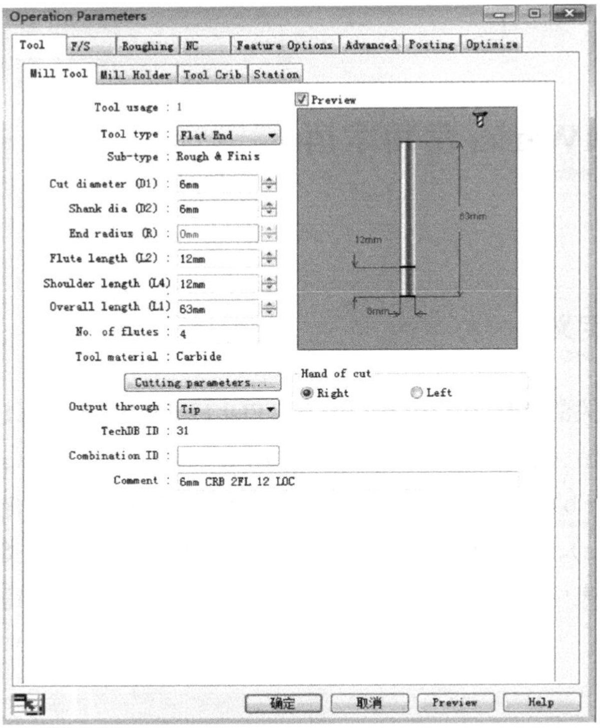

（b）

图 5.6　刀具参数定义界面（续）

刀具的主要几何参数如图 5.6（b）所示。每一个参数的含义用表 5.1 来概括。在这些参数中，最核心的两个参数是 D1 和 L2。D1 在刀具中心轨迹的生成时会影响刀具的补偿，此外，它也会影响刀具的刚度。L2 刀具的有效切削刃长的值直接影响到刀具的刚度和使用寿命。

此外，还可以定义刀刃的数量（No. of Flutes）和刀刃是顺时针还是逆时针方向（Hand of Cut）。所有的刀具参数都和刀具库链接。初学者不需要修改参数，只需要从刀具库中选择适当的刀具即可。

表 5.1　刀具几何参数表

序　号	符　号	含　义	备　注
1	D1	刀具有效切削刃的直径	用于刀具路径生成
2	D2	刀杆直径	在切削仿真时用于检查干涉
3	R	刀具圆角半径	球头刀和圆鼻刀才可以定义这个参数

续表

序　号	符　号	含　义	备　注
4	L1	刀具总长度	
5	L2	刀刃长	刀具有效切削刃长
6	L4	刀具肩部长度	有效切削刃的长度+无效切削刃的长度

5.2.2　典型 2～2.5 轴加工特征

CAMWorks 可以处理的所有 2～2.5 轴的铣削加工特征如图 5.7 所示。主要的类型有型腔（Pocket）、槽（Slot）、凸台（Boss）和孔（Hole）等。

在型腔中，根据其几何形状的不同可分成矩形型腔（Rectangular Pocket）、不规则形型腔（Irregular Pocket）、长圆形型腔（Obround Pocket）和 2.5 轴型腔（2.5 Axis Pocket）；在槽中，根据几何形状不同可分成矩形槽（Rectangular Slot）、不规则形角槽（Irregular Corner Slot）、矩形角槽（Rectangular Corner Slot）和不规则形槽（Irregular Slot）；凸台进一步可细分成圆形凸台（Circular Boss）、矩形凸台（Rectangular Boss）、长圆形凸台（Obround Boss）和不规则形凸台（Irregular Boss）；可以进行加工的孔有孔（Hole）、沉孔（Counterbore Hole）、锥头沉孔（Countersunk Hole）和阶梯孔（Multi-stepped Hole）。

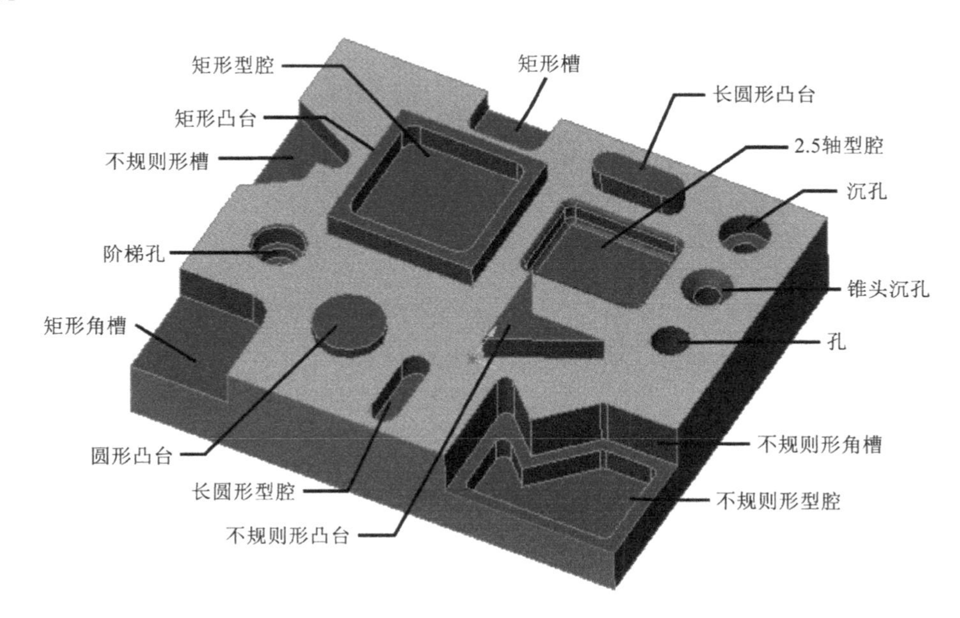

图 5.7　CAMWorks 可以处理的所有 2～2.5 轴的铣削加工特征

5.2.3 铣削加工特征及参数

铣削加工分粗加工、半精加工和精加工。不同的铣削加工中需要定义相应的参数，粗加工参数中包含刀具（Tool）、进给速度和主轴转速定义（F/S）、粗加工方法定义（Roughing）、粗加工 NC 定义（NC）、粗加工特征选项定义（Feature Options）、高级定义（Advanced）、粗加工后置定义（Posting）和优化定义（Optimize）。

1）进给速度和主轴转速定义（F/S）

进给速度和主轴转速的定义标签如图 5.8 所示。主要由以下三个部分组成。

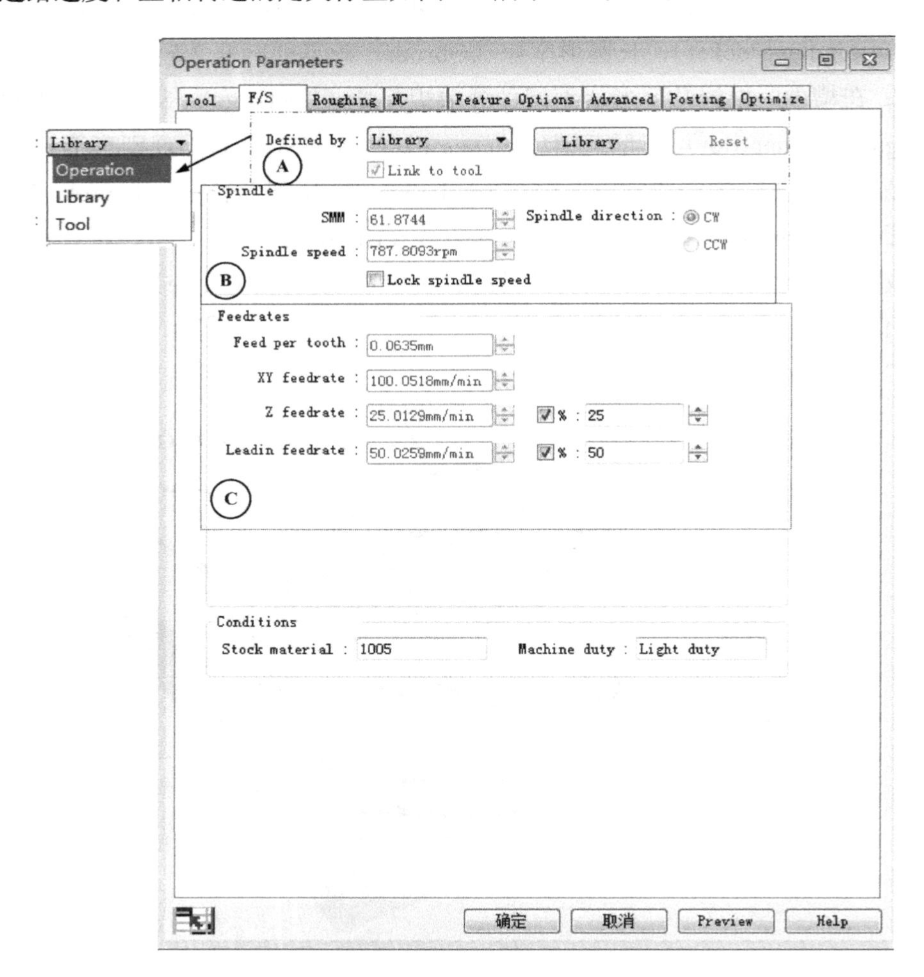

图 5.8 进给速度和主轴转速的定义标签

（1）定义方式的选择（Defined by）：三种定义方式分别是工序（Operation）定义方式、数据库（Library）定义方式和刀具（Tool）定义方式。只有选择了工序定义方式时才可以手动输入主轴和进给速度的数据，其他两种方式会自动与数据库和刀具库建立关联。

（2）主轴定义（Spindle）：用来定义主轴线速度（SMM）、主轴转速（Spindle speed）和主轴的旋转方向（Spindle direction）是顺时针（CW）还是逆时针（CCW）的。

（3）进给速度定义（Feedrates）：每齿进给量（Feed per tooth）、XY 平面内的进给速度（XY feedrate）、Z 轴方向的进给速度（Z feedrate）及刀具切入工件的进给速度（Leadin feedrate）。Z 轴方向的进给速度和刀具切入工件的进给速度也可以用 XY 平面内的进给速度的百分比来定义。

2）粗加工方法定义（Roughing）

粗加工方法定义（Roughing）如图 5.9 所示。粗加工定义界面中主要有五个部分：①加工轨迹定义（Pocketing）；②切削深度参数定义（Depth parameters）；③侧壁参数定义（Side parameters）；④切削方式定义（Cut method）；⑤深度处理定义（Depth processing）；⑥插铣刀轨的参数定义（Plunge rough）。

（1）加工轨迹定义（Pocketing）。粗加工方法定义的第一部分是加工轨迹定义，首先要确定的就是粗加工刀具轨迹的类型（Pattern），软件提供了九种典型的粗加工刀具轨迹的类型，分别是型腔由外向里铣（Pocket In）、型腔由里向外铣（Pocket Out）、之字形轨迹（Zig）、Z 字形刀轨（Zigzag）、螺旋刀轨向内铣（Spiral In）、螺旋刀轨向外铣（Spiral Out）、插铣（Plunge Rough）、等距偏移（Offset Roughing）和高速粗铣（VoluMill）。图 5.10 直观地给出了不同类型选项对应的刀具路径图。

当用户选择了 Zig 或 Zigzag 刀轨形式时，用户可以在切削角度（Cut angle）中用角度自定义 Zig 的轨迹方向，系统默认的角度值为 0°。在不勾选“自动定义角度”（Automatic Angle）复选框的情况下还可以定义刀具轨迹的“起始点”（Start corner）。起始点通常用一个矩形的四个角点来定义，即左上（Top Left）、右上（Top Right）、左下（Bottom Left）和右下（Bottom Right）。图 5.11（a）中 Zigzag 的刀轨的角度是 0°，起始点为右下，图 5.11（b）中 Zigzag 的刀轨的角度是 45°，起始点为左下。

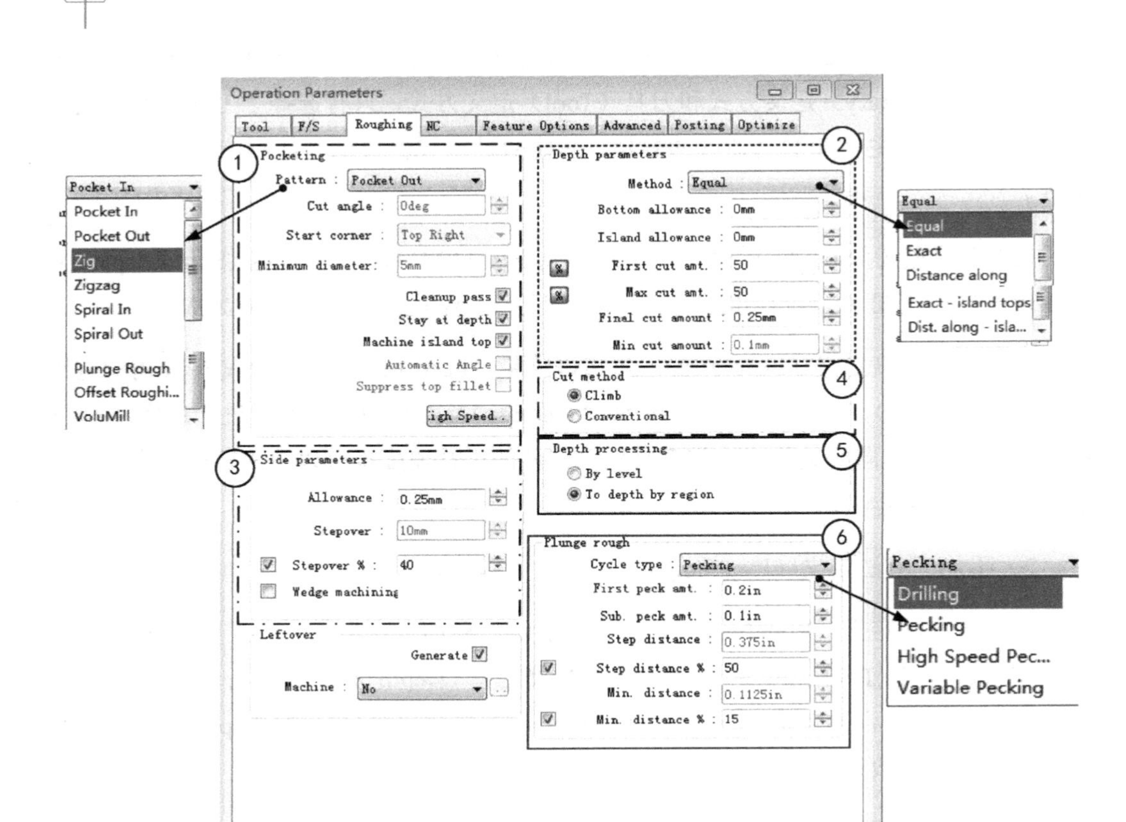

图 5.9 粗加工方法定义（Roughing）

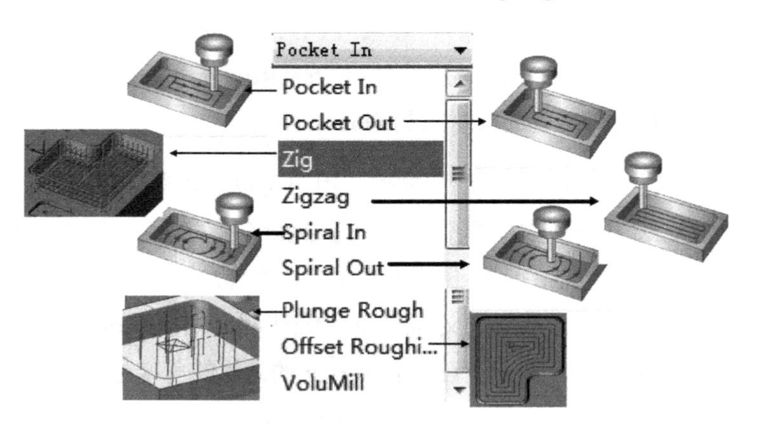

图 5.10 加工轨迹定义（Pocketing）

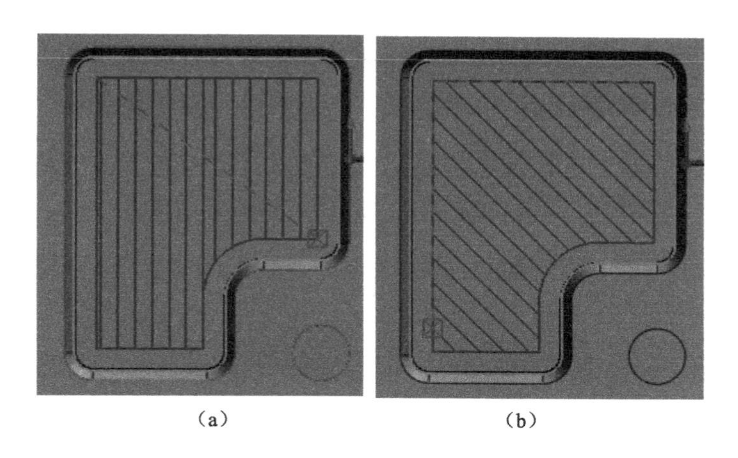

（a）　（b）

图 5.11　Zigzag 刀轨

如果选择的刀轨是 Spiral In 或 Spiral Out，则这时 Minimum diameter 被激活。用户如果想改变默认的螺旋线基圆直径，则可以在此输入用户自定义的螺旋线基圆的直径。

如果型腔中有岛屿（Island），则当选择除插铣刀轨外的其他刀轨时，“清除路径”（Cleanup pass）和“加工岛屿顶部”（Machine island top）两个复选框被激活，此时用户可以勾选。

如果勾选“清除路径”复选框，则系统在生成刀具路径时会增加一道铣削岛屿四周的刀具轨迹，从而确保岛屿每一边的余量相等。

如果勾选了“加工岛屿顶部”复选框，则系统在完成所有的型腔加工后，再铣削岛屿的顶部。图 5.12 中的型腔加工沿深度方向需要四步才能完成，如果勾选了“加工岛屿顶部”复选框，则需要增加第五步铣削加工岛屿顶部。

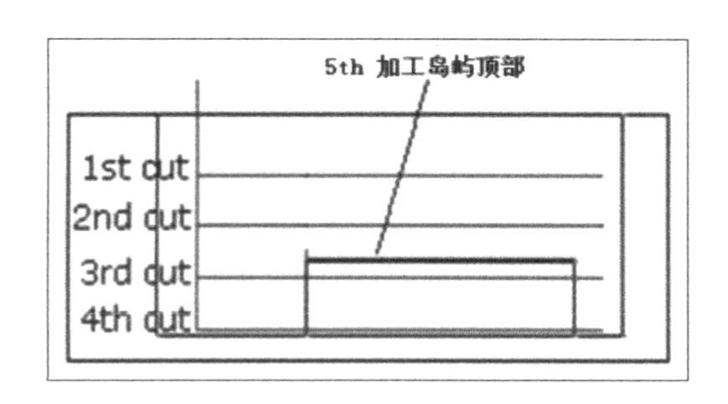

图 5.12　加工岛屿顶部

“停留在深度处”（Stay at depth）复选框是用于控制抬刀的。勾选该复选框，刀具将以最短垂直距离抬刀。其目的是减少空行程时间，来提高加工效率。

“抑制顶部圆角”（Suppress top fillet）复选框则用来决定顶部圆角是否要加工。勾选该复选框，则表示顶部圆角不加工。

针对 Pocket In、Pocket Out 和 Zigzag 刀具路径，还可以定义其高速模式（High Speed）。图 5.13 为单击“高速模式（High Speed）”按钮后的界面。

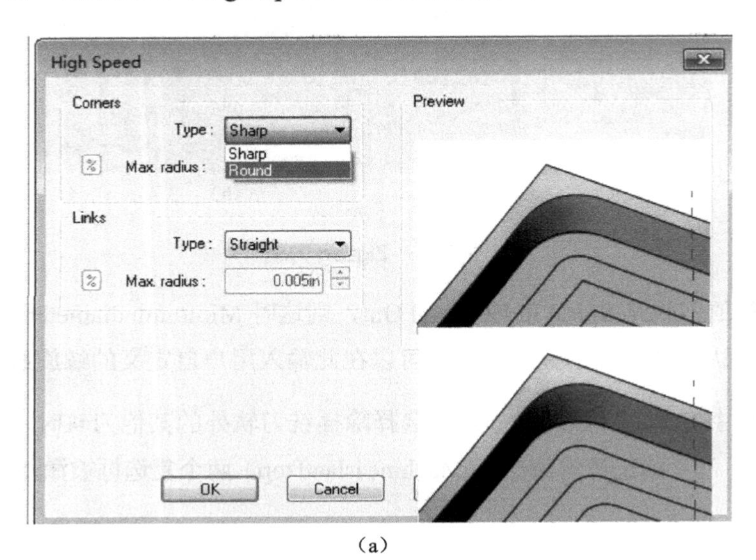

(a)

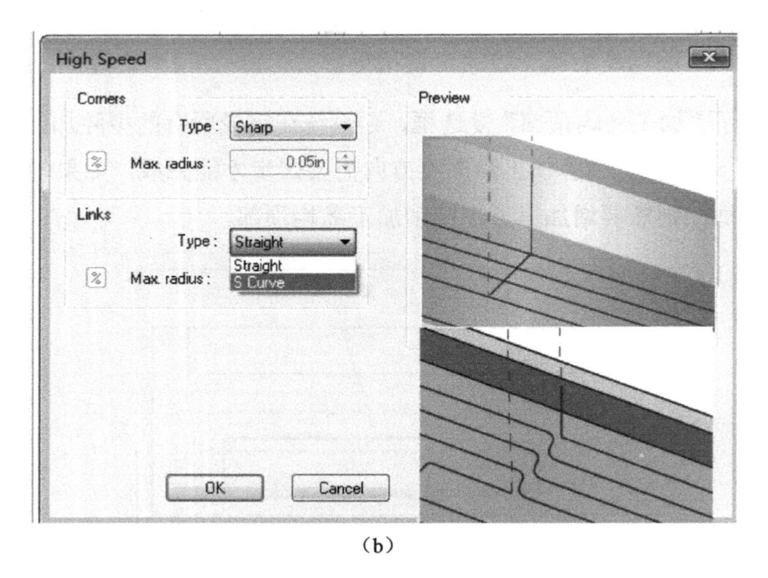

(b)

图 5.13 高速模式（High Speed）

高速模式（High Speed）主要完成两部分内容的定义，一是定义刀轨转角（Corners）

的类型；二是定义刀轨衔接（Links）的方式。转角有两种形式：尖角（Sharp）和圆角（Round），如图 5.13（a）所示。刀轨的衔接方式也有两种：直线（Straight）和 S 曲线（S Curve），如图 5.13（b）所示。当选择了圆角和 S 曲线时，则需要定义圆角半径和曲线的曲率半径。

（2）切削深度参数定义（Depth parameters）。粗加工方法定义的第二部分是关于切削深度参数的定义，用于定义沿着 Z 轴方向的进给量。图 5.14（a）给出了软件提供的五种切削深度的定义方式，其英文名称和中文含义汇总在表 5.2 中。

表 5.2 切削深度参数的定义方式（Method）

序 号	英 文 名 称	中 文 含 义
1	Equal	相等
2	Exact	精确
3	Distance along	沿面距离
4	Exact-island tops	精确-岛屿顶部
5	Dist. along-island tops	沿面距离-岛屿顶部

在切削深度参数定义时，如果型腔壁是直线，则其参数定义方式如图 5.14（b）所示，如果型腔壁有曲线，为了提高加工精度，有时需要按照图 5.14（c）所示的方式定义。

① 相等（Equal）。在这种定义方式下，用户需要定义首切削量、末切削量及最大切削量。系统在满足首切削量、末切削量并保证不大于最大切削量的前提下，均分切削深度。

② 精确（Exact）。在定义首切削量时，后续切削量为最大切削量设定值。

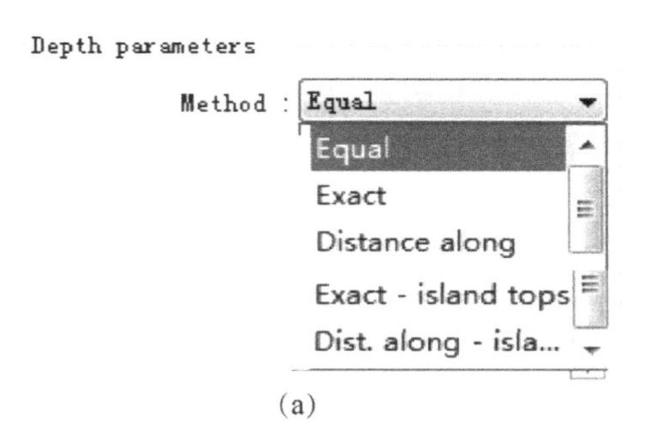

(a)

图 5.14 切削深度参数定义

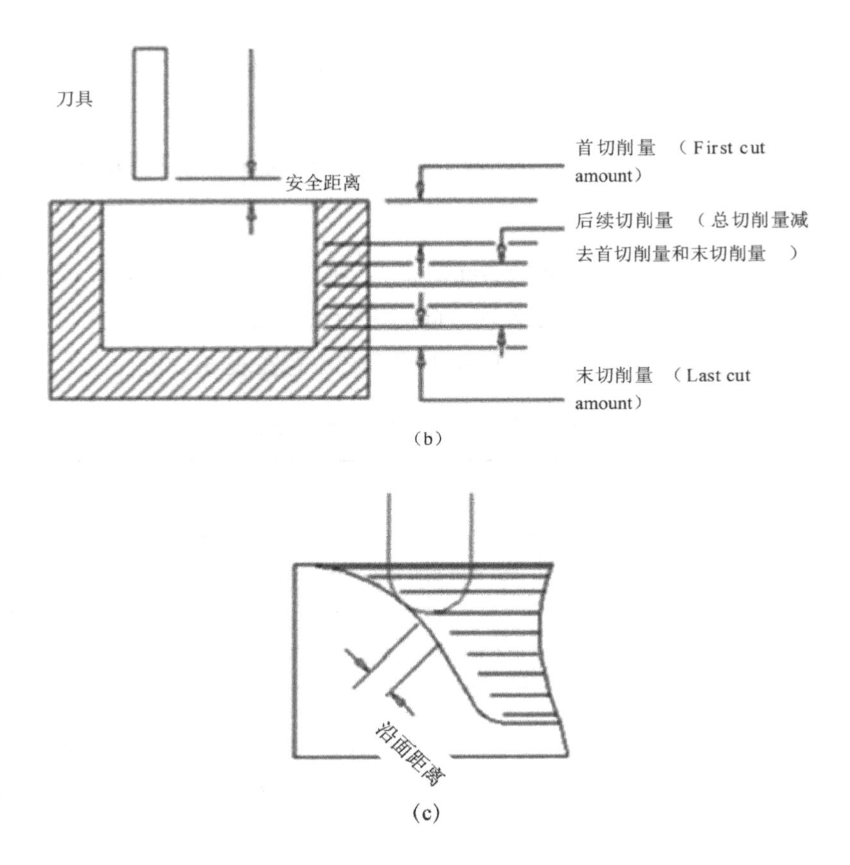

图 5.14 切削深度定义（续）

③ 沿面距离（Distance along）。这一项适合用在型腔壁是曲面的情况下。通常加工这类型腔时会采用球头刀。为了提高加工精度，可以采用沿面距离来确定切削深度［见图 5.14（c）］。

④ 精确-岛屿顶部（Exact-island tops）。Z 层切削深度设定与精确（Exact）相同。当在图 5.9 中勾选了“加工岛屿顶部”（Machine island top）复选框时，则在完成 Z 深度所有层面加工后，会按照设定参数进行岛屿顶部加工。

⑤ 沿面距离-岛屿顶部（Dist. along-island tops）。Z 层切削深度设定与沿面距离相同，当在图 5.9 中勾选了“加工岛屿顶部”（Machine island top）复选框时，则在完成 Z 深度所有层面加工后，会按照设定的参数进行岛屿顶部加工。

（3）侧壁参数定义（Side parameters）。粗加工方法定义的第三部分是侧壁参数的定义，该部分的关键在于定义侧壁的余量（Allowance）和刀轨之间的接刀距离或称步幅量（Stepover）。定义接刀距离可以有两种方式：一种是直接定义（Stepover），还有一种是用刀具直径的百分比（Stepover %）来定义。接刀距离越大，残留越多，加工效率越高但表面质量就越差。接刀距离越小，残留越少，加工效率越低但表面质量越好。

（4）切削方式定义（Cut method）。粗加工方法定义的第四部分是切削方式的定义。依据刀具旋转和进给方向的关系，可以有两种切削方式：逆铣（Climb）和顺铣（Conventional）。

（5）深度处理定义（Depth processing）。粗加工方法定义的第五部分是关于深度处理的定义。一种是逐层加工（By level），另一种则按照加工区域逐层加工（To depth by region）。

如图 5.15 所示零件有两个型腔或加工区域，按照深度可分为六层。如果选择逐层加工，则刀具的加工顺序如图 5.15（a）所示。如果选择了加工区域逐层加工，则刀具的加工顺序如图 5.15（b）所示。

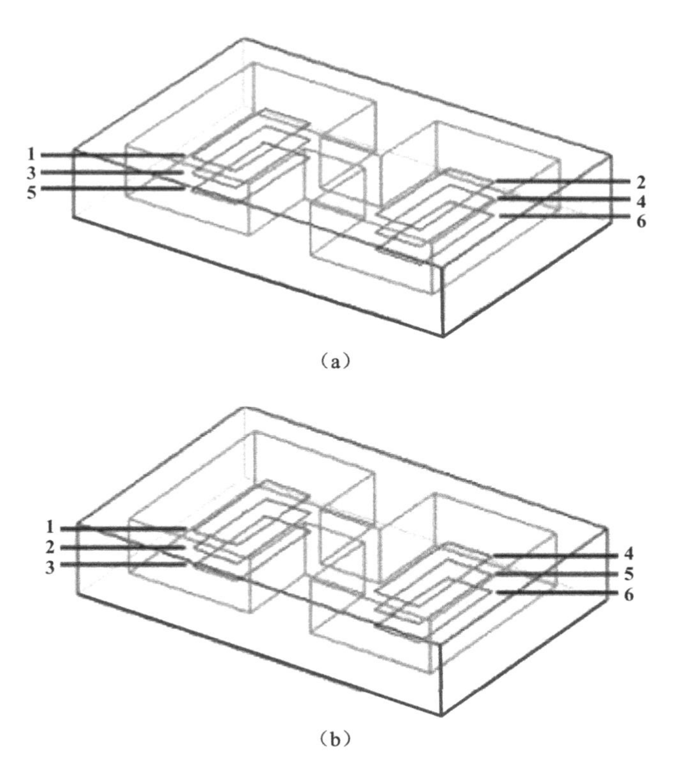

（a）

（b）

图 5.15　深度加工策略

（6）插铣刀轨的参数定义（Plunge rough）。粗加工方法定义的第六部分是插铣刀轨的参数定义。如果在图 5.9 的加工轨迹中定义了插铣（Plunge Mill）方式，则在图 5.9 所示界面的右下角就会出现一个插铣刀轨的参数定义的界面。首先需要选择的是插铣循环的类型（Cycle type），软件提供了四种插铣循环的类型，其英文名称和中文含义在表 5.3 中。其次需要定义首次钻（啄）量（First peck amt.）、后续钻（啄）量（Sub. peck amt.）、刀轨步距（Step distance）和刀轨最小步距（Min. distance）。其中与刀轨步距相关的定义可以采用两种方式定义：直接定义方式（Step distance%）和刀具直径比例定义方式（Min. distance%）。

表 5.3　插铣循环的类型（Cycle type）

序　号	英 文 名 称	中 文 含 义
1	Drilling	钻削
2	Pecking	啄式钻
3	High Speed Pecking	高速啄式钻
4	Variable Pecking	变量啄式钻

3）粗加工 NC 定义（NC）

标签 NC 是和机床安装加工有关的参数的设置。由图 5.16 可见，粗加工 NC 定义最主要的有五个部分：①快速平面定义（Rapid plane）；②安全平面定义（Clearance plane）；③进给平面定义（Feed plane）；④特征之间退刀平面定义（Retract between features）；⑤ CNC 精加工参数（CNC finish parameters）。

快速平面通常也称为初始平面，该平面一般离工件的距离比较远；安全平面则离工件比较近；进给平面则离工件最近，表示刀具将切入工件。采用快速平面和安全平面是为了确保刀具在运动中不碰撞工件或夹具，此外，也是为了提高加工效率。通常从快速平面向安全平面运动都会用 G00 指令，这个指令采用的是系统中最快的进给速度。对于表面平整的工件，也可以使得快速平面和安全平面重合。从进给平面切入工件则将采用 G01 指令，这个指令的进给速度是由编程员用 F 功能字确定的。

快速平面的定义方式有四种：特征顶部（Top of Feature）、装夹原点（Setup Origin）、安全平面（Clearance Plane）和毛坯顶部（Top of Stock）。

安全平面的定义方式有五种：特征顶部（Top of Features）、装夹原点（Setup Origin）、上一级加工深度（Previous Machined Depth）、毛坯顶部（Top of Stock）和薄层（Skim），薄层代表的是下一层待加工表面。如果勾选了“采用装夹定义”（Use Setup Definition）复选框，则用户无法再在定义方式中进行选择。

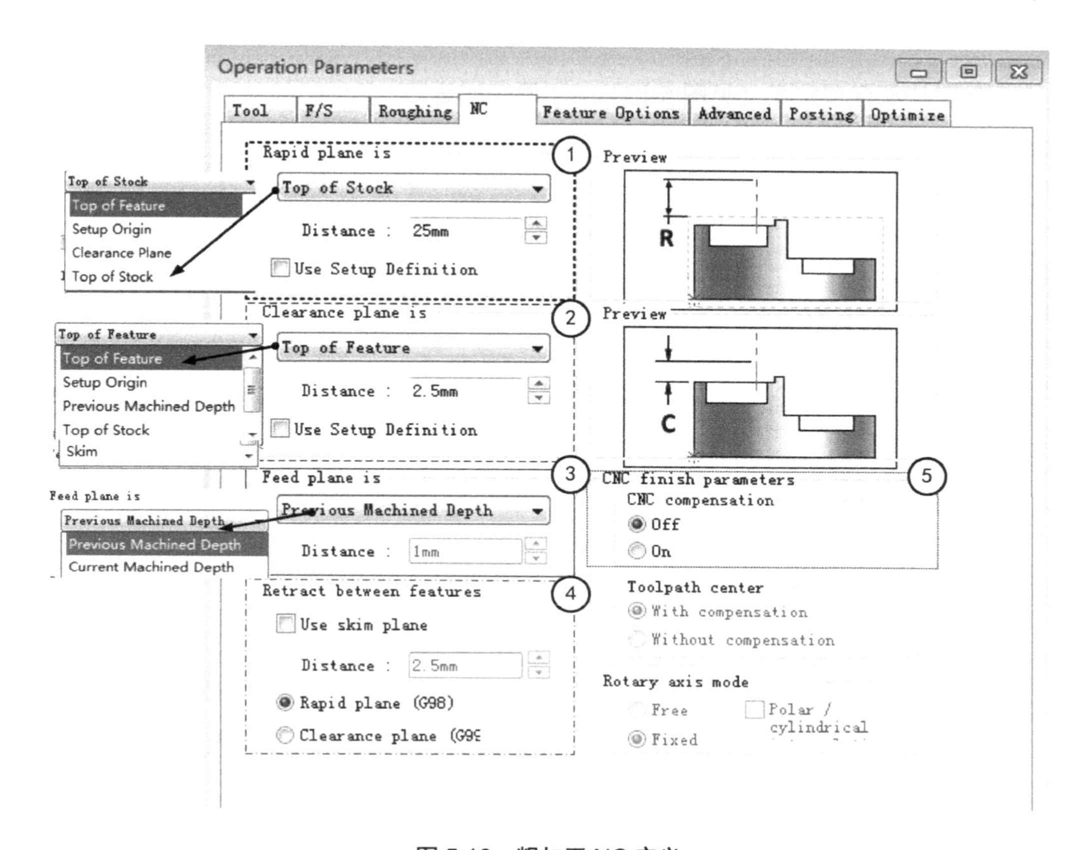

图 5.16　粗加工 NC 定义

进给平面的定义方式有两种：上一次加工深度（Previous Machined Depth）和当前加工深度（Current Machined Depth）。

特征之间退刀平面定义。在型腔的粗加工中，刀具的退刀方式可以是薄片平面、快速平面和安全平面。其中薄片平面（skim plane）在任何刀轨类型下都可以定义。但是快速平面和安全平面只有在插铣循环时可以由用户定义。在其他情况下，系统默认是返回快速平面。在数控指令中，返回快速平面通常用 G98 指令，返回安全平面通常用 G99 指令。

CNC 精加工参数用来定义是否要采用“刀具半径补偿”（CNC compensation）。如果选择“关”（Off），则表示不采用刀具半径补偿，这时，系统要根据刀具半径计算出刀具中心轨迹数据。如果选择“开”（On），则表示采用刀具半径补偿，这时，系统只需要计算轮廓数据，就可以自动加入 G41/G42 刀具半径补偿指令。

4）粗加工特征选项定义（Feature Options）

粗加工特征选项定义（见图 5.17）中主要完成进刀（Entry）、退刀（Retract）和特征（Features）的定义。

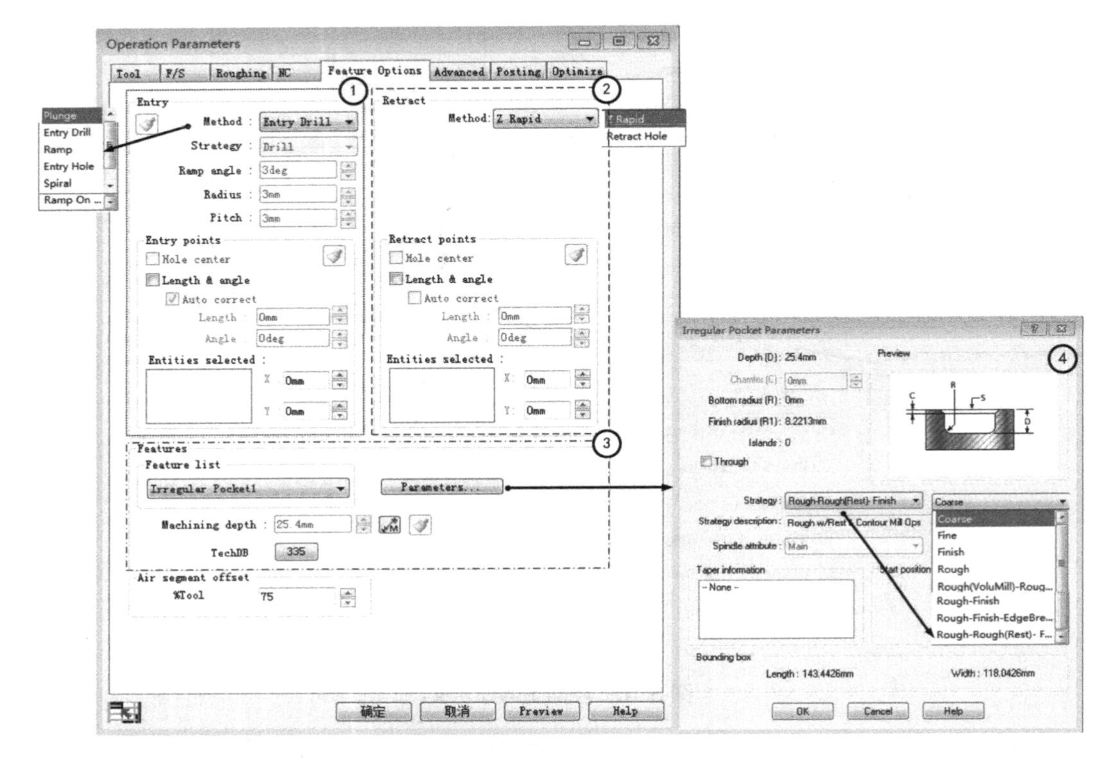

图 5.17 粗加工特征选项定义

进刀（Entry）方式有六种：垂直下刀（Plunge）、引导钻（Entry Drill）、斜线（Ramp）、引导孔（Entry Hole）、螺旋线（Spiral）和斜线切入（Ramp On leadin）。针对不同的进刀方式，可以填写不同的参数。

退刀（Retract）方式有两种：沿 Z 轴快速退刀（Z Rapid）和沿退刀孔退刀（Retract Hole）。操作者只需要针对不同的退刀方式，填写相关的参数。

特征和加工工艺中的特征列表（Feature list）显示本道工序的特征名称、总的切削深度（Machining depth）及关联的工艺数据库（TechDB）序号。单击“参数（Parameters）”按钮会弹出一个“加工特征参数”（Irregular Pocket Parameters）的对话框，在该对话框中可以查看参数和修改加工策略（Strategy）。加工策略主要是指粗加工（Coarse，Rough）、粗精加工（Rough-Finish）和精加工（Finish，Fine）。

5.2.4　轮廓加工参数定义

轮廓加工也是铣削加工的一个典型工艺，属于精加工的范畴。图 5.18 为轮廓加工的参数定义对话框，很多标签的定义和功能与粗加工的相同。

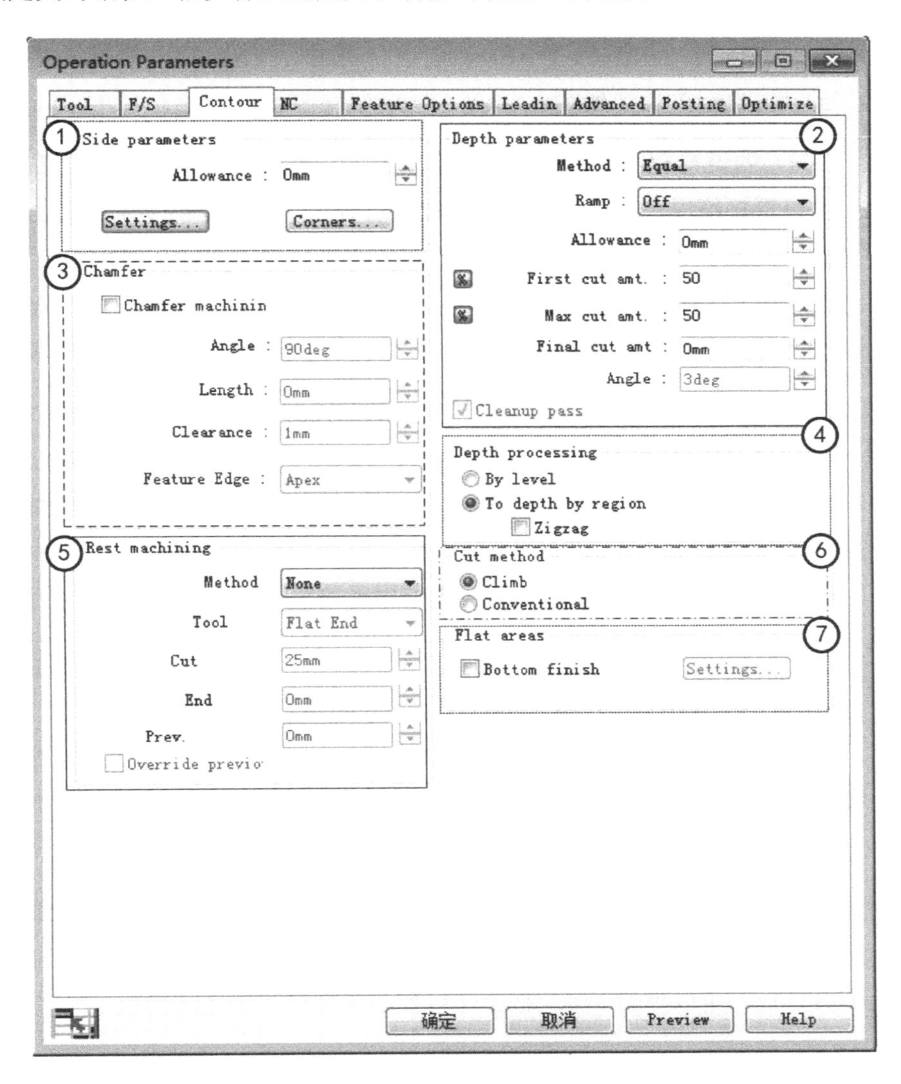

图 5.18　轮廓加工的参数定义对话框

轮廓（Contour）定义界面中共有七个部分：侧壁参数（Side parameters）定义、深度参数（Depth parameters）定义、倒角（Chamfer）定义、深度处理（Depth processing）

定义、剩余加工（Rest machining）定义、切削方法（Cut method）定义和平面区域（Flat areas）定义。很多参数的含义和粗加工的相同，在粗加工部分已经介绍，不再赘述。重点介绍图 5.18 中的侧壁参数定义和平面区域定义两部分。

1）侧壁参数定义（Side parameters）

由图 5.18 可知，侧壁参数定义主要完成侧壁允差（Allowance）的定义、设置（Settings）的定义和拐角（Corners）的定义。单击“设置”和“拐角”按钮，相关的界面就会出现，如图 5.19（a）和图 5.19（b）所示。

图 5.19（a）的设置功能主要是完成轮廓粗加工和精加工刀具轨迹的定义。切削量（Cut amt.）可以直接给出，也可以用刀具直径的百分比给出。单击“%”按钮，就可以在两种方式之间切换。前道工序允差（Prev. allowance）则是在前面的粗加工工序时设置的（见图 5.9 ③），系统可以自动获取。可以通过勾选“加工前次容差”（Override prev. allowance）复选框来决定是否要在本次轮廓粗加工中完成前次留下的余量的加工。

精加工轨迹定义，则需要输入精加工的切削量（Final cut amt.）。为了提高精加工的表面质量，如果轨迹选择“螺旋线刀轨”（Spiral pass），则需要输入螺旋线的角度。同时，还可以调整末切的进给速度，进给速度可以直接输入，也可以用在 F/S 标签中定义的进给速度的百分比表示，单击“%”按钮可以非常方便地在两种定义方式中切换。此外，“一刀切削深度”（Single cut depth）复选框用于决定最后一刀刀具的进给深度，如果不勾选该复选框，则末刀刀具按照图 5.18 深度参数中设置的深度进给；如果勾选了该复选框，则末刀刀具直接到达型腔底部。

轮廓加工除了要定义刀具路径的形式，还需要定义拐角的衔接方式。图 5.19（b）就是“转角”（Corners）定义的界面。转角分内转角（Internal corners）和外转角（External corners）。

内转角有两种衔接类型：尖角（Sharp）和圆角（Rounded）。如果选择“圆角”，则需要输入圆角半径。圆角半径可以用两种方式输入：直接法和百分比法，百分比法用的基数都是刀具直径。可以单击“%”按钮在直接法和百分比法之间切换。

外转角的类型有三种：尖角、圆角和环形角［通常也为 D 角（Looped）］。在选择“D 角”过渡时，不仅要定义半径，还需要定义延伸的距离（Extension）。

如果勾选了图 5.19（b）中的“转角加工”（Corner Machining）复选框，则代表着忽略轮廓的加工，仅仅完成拐角部分的加工。

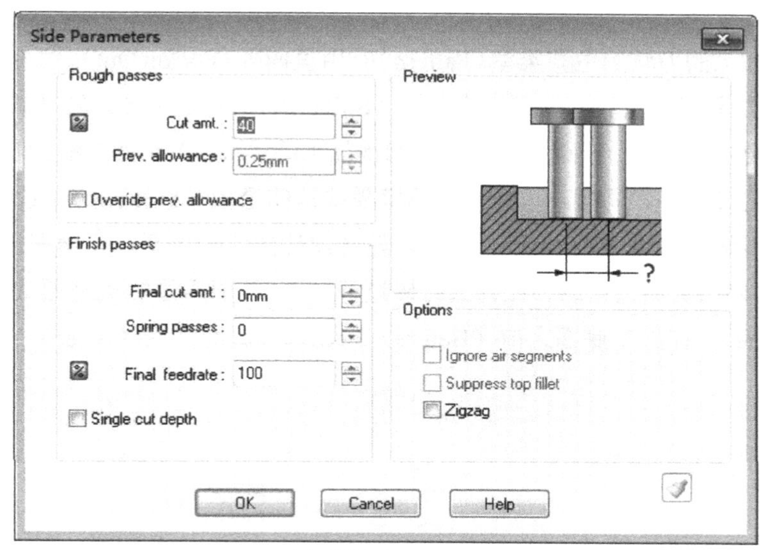

（a）设置（Settings）

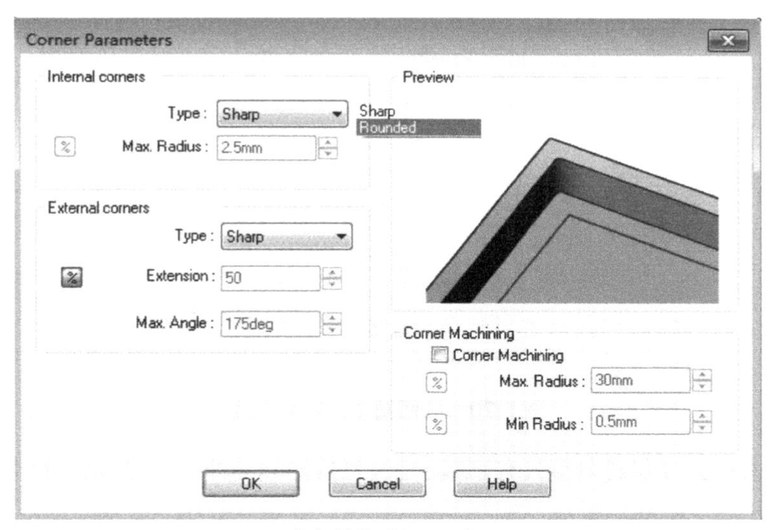

（b）转角（Corners）

图 5.19　侧壁参数定义

2）平面区域定义（Flat areas）

平面区域定义主要是用来定义型腔底面的精加工的加工形式，底面精加工定义界面如图 5.20 所示。其中一共包括了三个部分：第一部分为选项（Options），主要定义底面精加工的刀具轨迹及底面加工和轮廓加工的先后顺序；第二部分定义进刀方式（Entry）；

第三部分则定义退刀方式（Retract）。

底面精加工的刀轨的主要类型（Pattern）有由里向外（Pocket Out）、由外向里（Pocket In）、螺旋线切入（Spiral In）、螺旋线切出（Spiral Out）和之字形刀轨（Zigzag）。每一种刀轨都需要定义步距，步距的定义方式和粗加工的类似。对于螺旋线刀轨和之字形刀轨，还需要定义角度。同时，可以定义侧壁需要留的余量（Side allowance）。此外，需要定义轮廓周边的轨迹（Perimeter pass）。轮廓周边的轨迹主要是说明在进行底部精加工时，是否需要加工周边轮廓和在什么时候进行加工。轮廓周边的轨迹通常有三个选项：不加工（None）、在加工底面之前（Before）和在加工底面之后（After）。

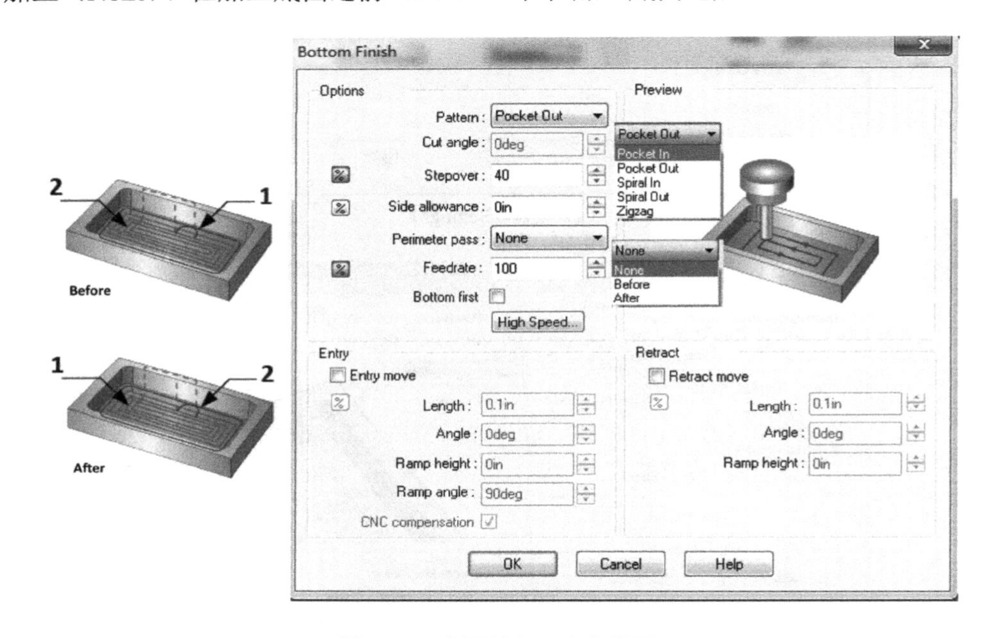

图 5.20 底面精加工定义界面

进刀方式和退刀方式中都只有直线一种，直线可以是平行于坐标轴的也可以是斜线的，斜线可以定义长度和角度。

5.3 典型 2～2.5 轴零件的铣削数控加工实验

通过典型 2～2.5 轴零件的铣削数控加工实验，帮助学生掌握 2～2.5 轴零件的数控程序生成的流程，同时，进一步强化对 CAM 基本术语的理解和灵活应用。

在文件夹中打开零件 MILL2AX-2.SLDPRT，其形状如图 5.7 所示。该零件的材料为低碳合金钢 1005，毛坯选择包围盒（Bounding Box）的方式定义；机床选择三坐标铣床，后置处理程序选择 MILL3-tutorial。按照 5.2 节及图 5.1 所示 CAMWorks 的操作流程完成该零件的数控程序的生成。

（1）采用 CAMWorks 中的特征自动识别功能识别典型 2～2.5 轴零件中需要加工的特征，其结果如图 5.21 所示。对于该零件，所有需要加工的特征都可以采用自动识别功能完成。

（2）按照流程，单击“生成加工计划”（第六步）按钮，系统可以为每个特征生成加工工序计划，系统将自动从 CAMWorks 的特征标签转换到加工计划标签，如图 5.22 所示。鉴于仅仅是加工计划，还没有生成刀具轨迹，所以工序计划树的字体颜色是粉色的。接着单击“生成刀具轨迹”（第七步）按钮，就可以为每一个加工计划生成刀具轨迹。如果生成刀具轨迹成功，则工序计划树的字体颜色会自动转变成黑色。

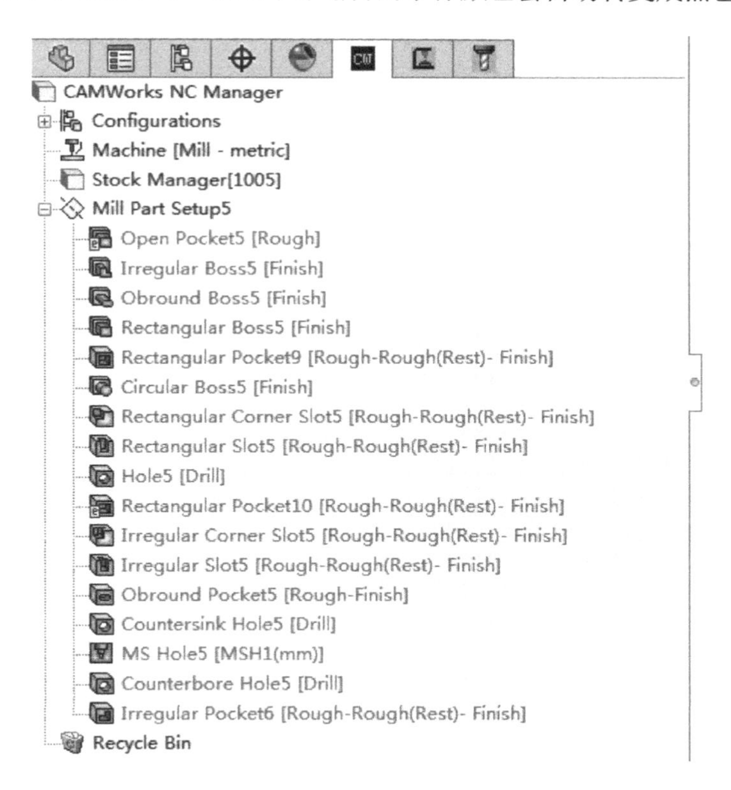

图 5.21　自动提取的特征

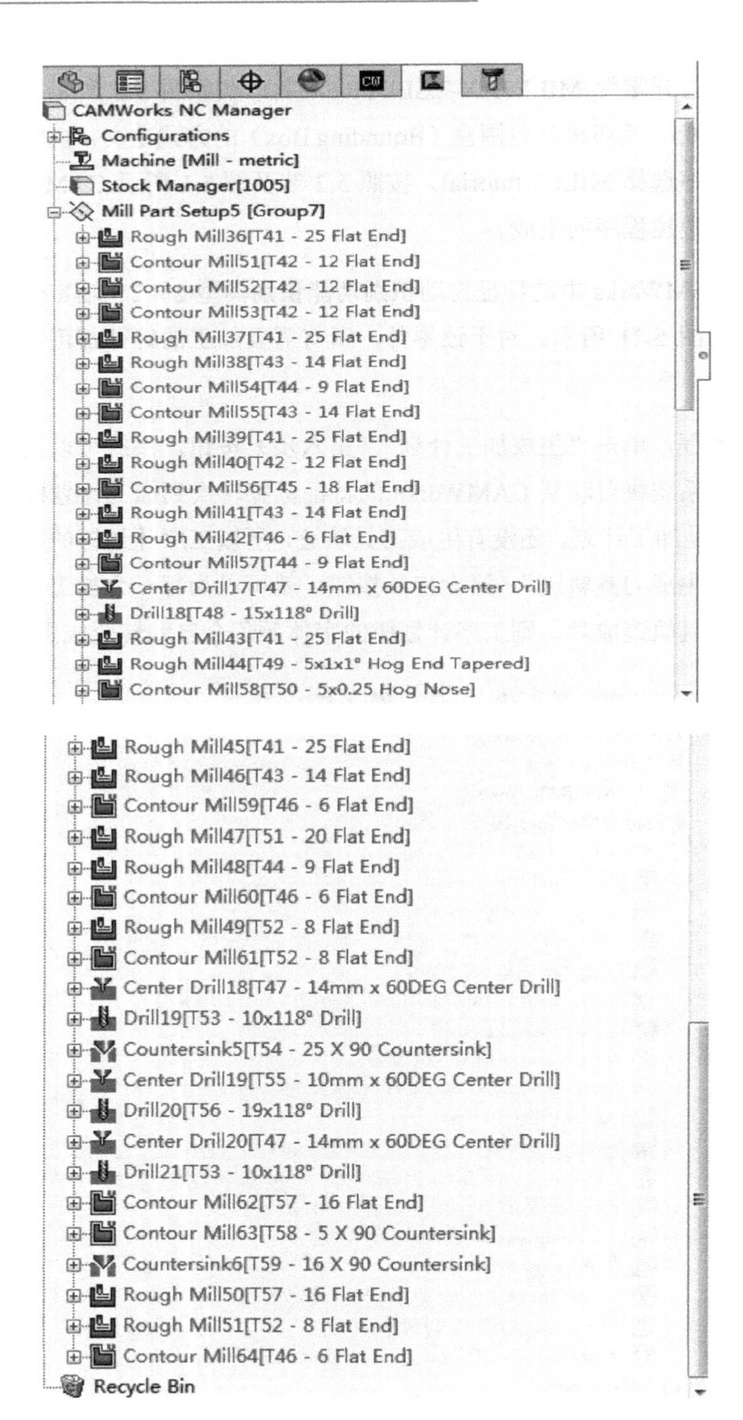

图 5.22 加工计划

（3）运用仿真功能来检查刀具轨迹和加工效果。如果发现刀具轨迹需要改变、加工表面粗糙或存在干涉等问题，则按照概念修改相关的参数，然后再次仿真来观察虚拟加工的效果。通过修改—仿真—再修改—再仿真，直到满足要求。

（4）通过后置处理生成数控程序。生成数控程序的界面及最终生成的数控程序文件如图 5.23 所示。该数控程序是可以直接输入到所选择的数控机床上运行的，并可以把数控程序复制到数控机床上。如果构建了网络化的设计制造实验系统，则可以通过网络直接将生成的数控程序下载到对应的数控机床上完成零件的加工。

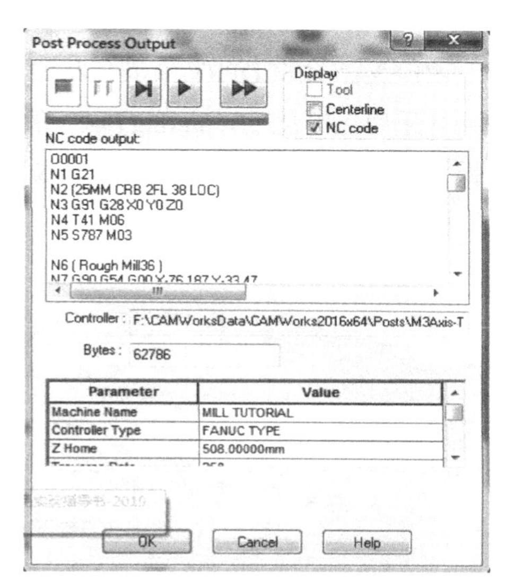

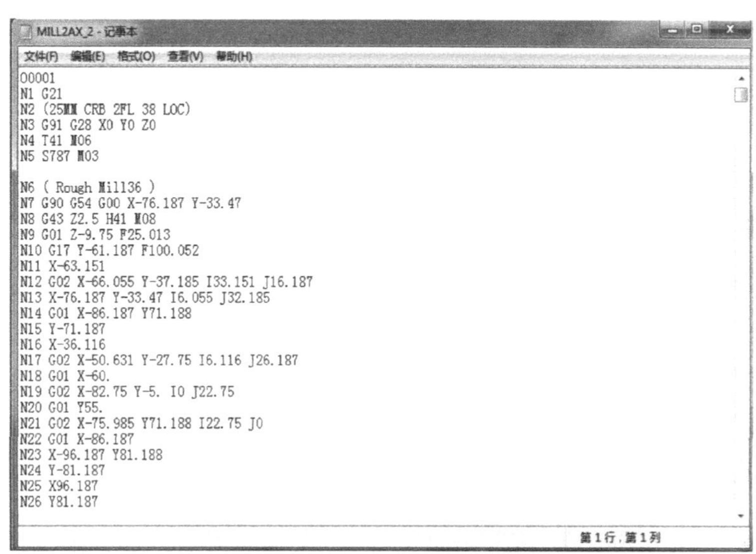

图 5.23　生成数控程序的界面及最终生成的数控程序文件

5.4 鼠标凸模的铣削加工实验

通过鼠标凸模的铣削加工实验，帮助学生掌握如何通过 IFR 来确定需要加工的特征。同时，进一步强化对 CAM 基本术语的理解和灵活应用。

在文件夹中打开零件“MILL3AX-4.SLDPRT”，其形状如图 5.24 所示。该零件的材料选择低碳合金钢 1018，毛坯采用包围盒（Bounding Box）的方式定义，机床选择三坐标铣床，后置处理程序选择“MILL3-tutorial”。按照 5.2 节及图 5.1 所示 CAMWorks 的操作流程完成该零件的数控程序的生成。

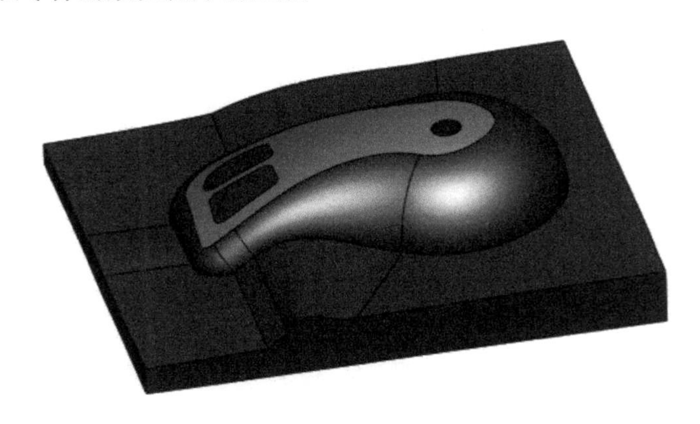

图 5.24 MILL3AX-4 鼠标模型

在采用自动特征识别时，发现 CAMWorks 无法识别曲面特征。这时就需要通过 IFR 来插入需要加工的特征。

右击加工特征树中的“毛坯管理”（Stock Manager），在快捷菜单中选择“建立新的铣削装夹方式”（New Mill Part Setup），如图 5.25 所示。这时弹出装夹方式定义对话框，在图形窗口中选择鼠标模型底面作为装夹平面，同时修改刀具的方向，图 5.25 中箭头代表刀具的方向，可以通过单击对话框中的箭头来改变刀具的方向。在本例中需要确保图形界面中的箭头方向向下，安装设置完成后单击“ √ ”按钮，最后关闭对话框。

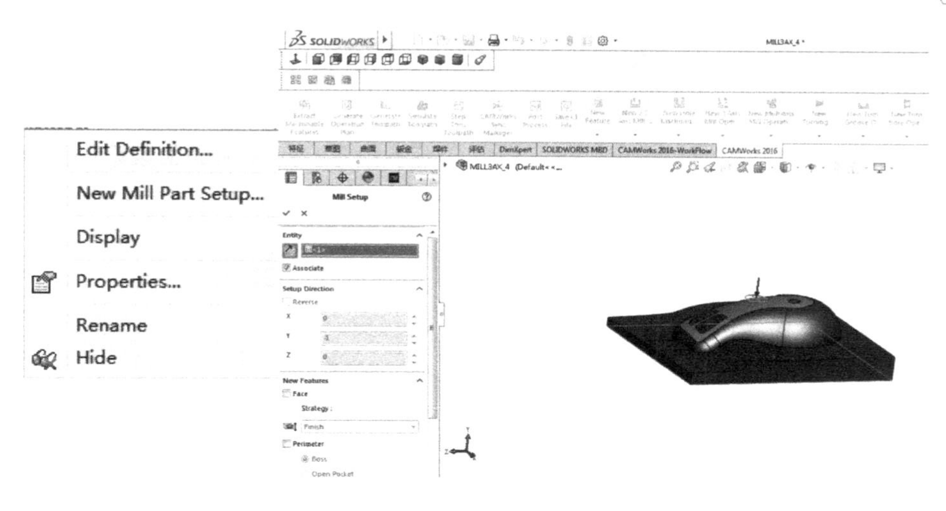

图 5.25　定义装夹方式

新的铣削装夹方式建立后，下一步需要运用 IFR 插入新的加工特征。通常可以有两种途径来插入新的加工特征。方式一是在新的铣削装夹方式处右击，在弹出的对话框中选择要插入的特征；方式二是在工具栏上选择“新特征”（New Feature），并完成插入新的加工特征。

如图 5.26 所示，软件提供了三种加工特征：2.5 轴的加工特征（2.5 Axis Feature），零件轮廓特征（Part Perimeter Feature）和多轴曲面特征（Multiaxis Surface Feature）。图 5.24 所示鼠标模型是一个曲面零件，显然应该选择多轴曲面特征。

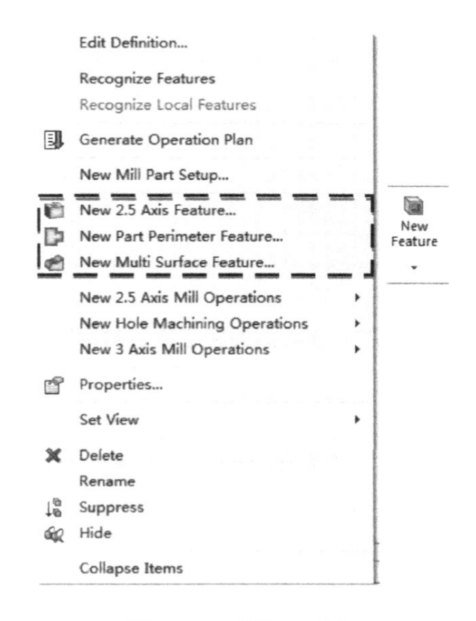

图 5.26　新加工特征

选择多轴曲面特征后，系统会弹出一个进行多轴曲面特征定义的对话框(见图 5.27)。在这个对话框中主要需要完成两部分内容的定义：第一，定义曲面（Selected Faces），通过在鼠标模型上选择的方式定义加工曲面的范围；第二，定义加工策略（Strategy），不同的加工策略对应加工工艺数据库中的不同加工计划和工序。

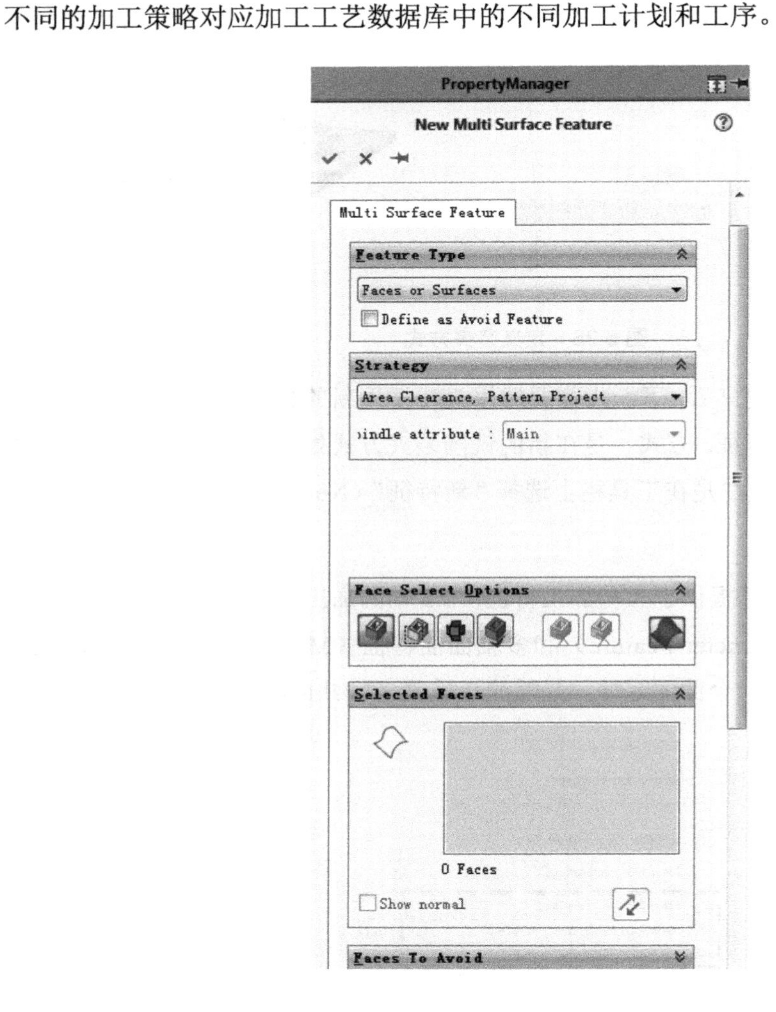

图 5.27　多轴曲面特征定义对话框

1）多轴曲面特征的选择

图 5.28 中从左到右显示了几种多轴曲面特征选择的工具。

- 直接在模型上点选加工面。
- 窗选面，用一个矩形窗口来选面。

- 选择相邻面，选择加工面时和该面相邻的面也一同被选择。
- 选择所有面。
- 清除选择面，鼠标单击已经选择的面进行删除。
- 清除所有已选面。
- 亮显所选择的面。

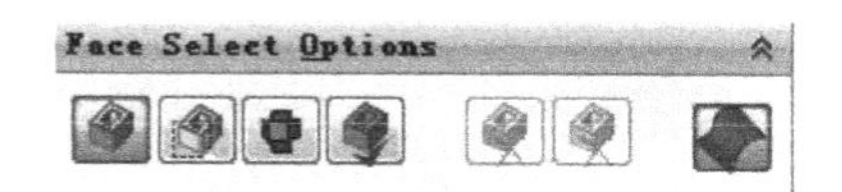

图 5.28　多轴曲面特征选择工具

选中的面会在图 5.27 中“选择的面”（Selected Faces）窗口中显示。

2）加工策略的选择

加工策略的选择直接和数据库中的加工工艺相连，用户选择加工策略后，在生成加工计划时，软件会依据该策略检索工艺数据库中的加工工艺，并生成相应的工艺计划。图 5.29 的下拉列表中是常用的多轴曲面特征的策略。表 5.4 为常用策略的中英文对照。

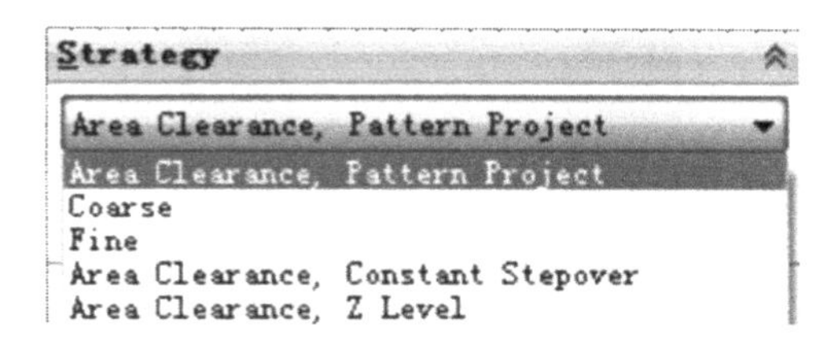

图 5.29　多轴曲面特征的策略

表 5.4　常用策略的中英文对照

序　号	英　文	中　文
1	Area Clearance，Pattern Project	区域加工，样式投影
2	Coarse	粗加工
3	Fine	精加工
4	Area Clearance，Constant Stepover	区域加工，恒定步幅
5	Area Clearance，Z Level	区域加工，逐层

在完成特征的识别后，可以按照 5.2 节的流程继续后续的操作。按照第一种策略生成的刀具轨迹示例如图 5.30 所示。

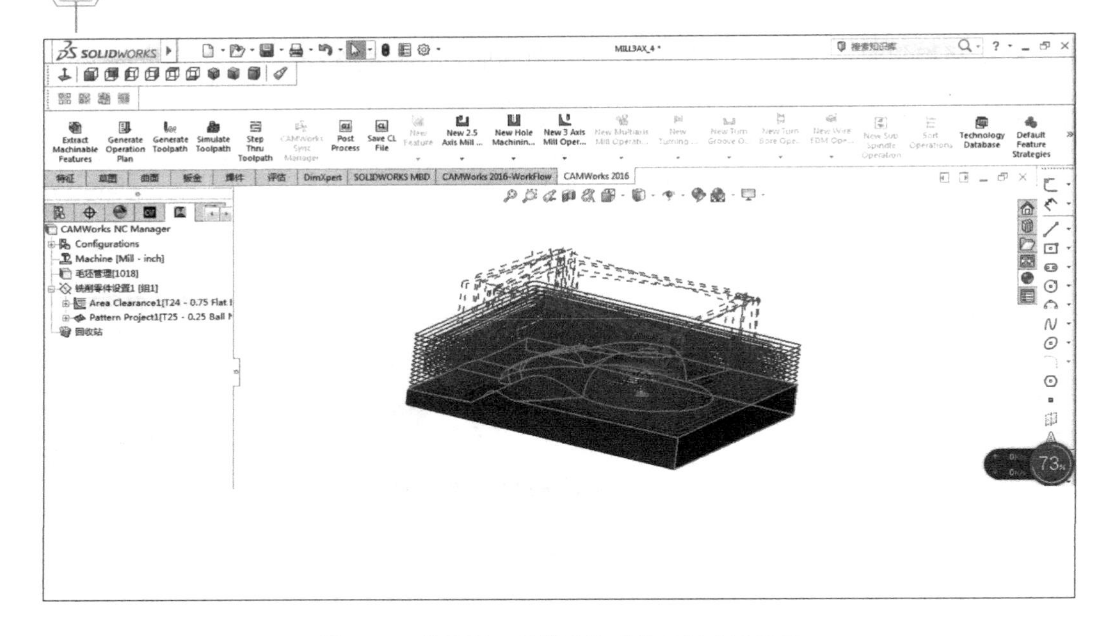

图 5.30 按照第一种策略生成的刀具轨迹示例

根据曲面加工的特点，在其刀具轨迹中添加了一些新的刀具轨迹模式（Pattern），如图 5.31 所示。

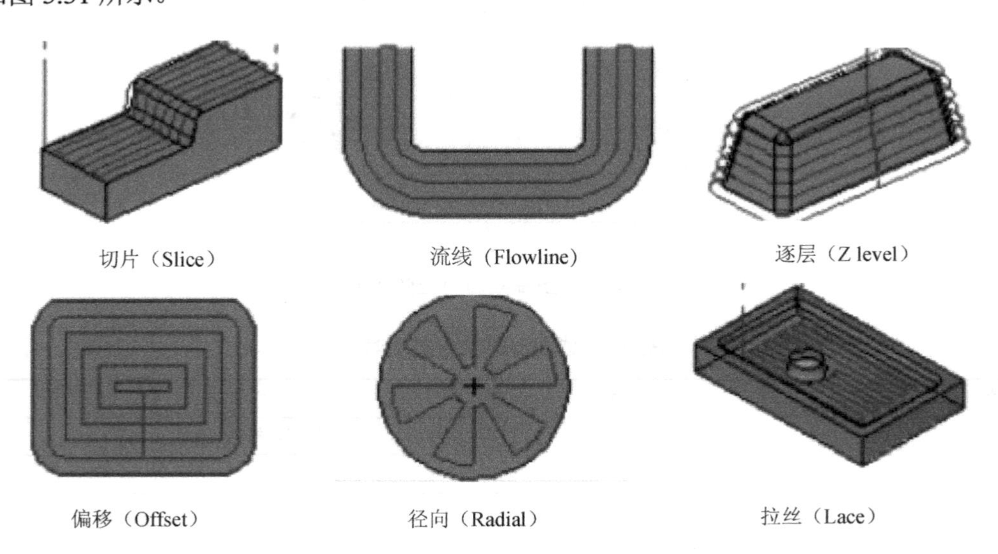

图 5.31 曲面加工中的刀具轨迹

最后，利用该平台完成后续的仿真、修改和再仿真，最终生成数控程序。

5.5　轴类零件的车削加工实验

通过轴类零件的车削加工实验，帮助学生掌握如何通过特征的自动识别来完成轴类零件的工艺设计、刀具轨迹仿真及数控程序的生成。

在文件夹中打开零件“TURN2AX_1.SLDPRT”，其形状如图 5.32 所示。该零件的材料为不锈钢 304L，毛坯采用包围盒（Bounding Box）的方式定义，并且增加直径和长度的余量，直径为 6in，长度为 6.9in。机床选择 Turn SingleTurret，后置处理程序选择 T2Axis-tutorial。按照 5.2 节及图 5.10 所示 CAMWorks 的操作流程完成该零件的数控程序的生成。

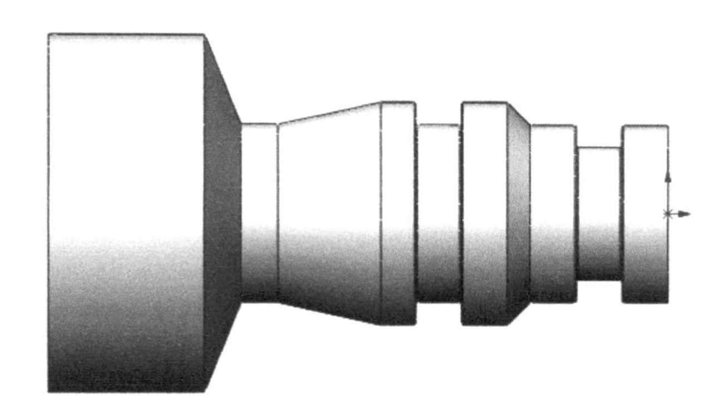

图 5.32　车削零件——TURN2AX_1.SLDPRT

图 5.33（a）为通过自动识别特征生成的加工特征：端面特征（Face Feature）、外圆特征（OD Feature）、矩形槽特征（Groove Rectangular）和切断特征（CutOff Feature）。图 5.33（b）则是生成的加工计划：车端面—车外圆—割槽—切断。车端面、车外圆和割槽都分粗加工和精加工两道工序。

如果需要编辑加工特征，则可以打开图 5.34 所示的“特征编辑”（Edit Turn Feature）对话框，在“选择实体”（Selected entities）窗口中显示组成需要加工的特征的实体，也可以在这里进行删除和添加，在模型窗口中将显示加工特征的轮廓。

通过修改—仿真—再修改直到满足要求，最终生成数控程序。

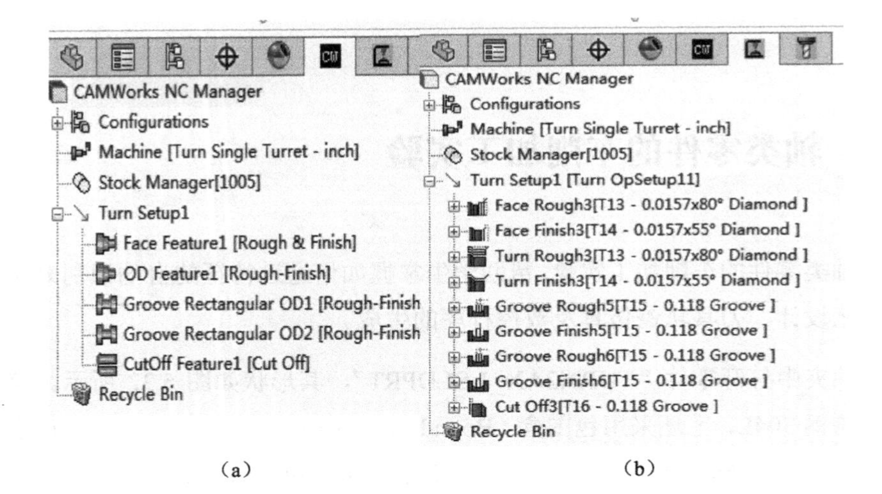

图 5.33 车削加工特征和工序计划

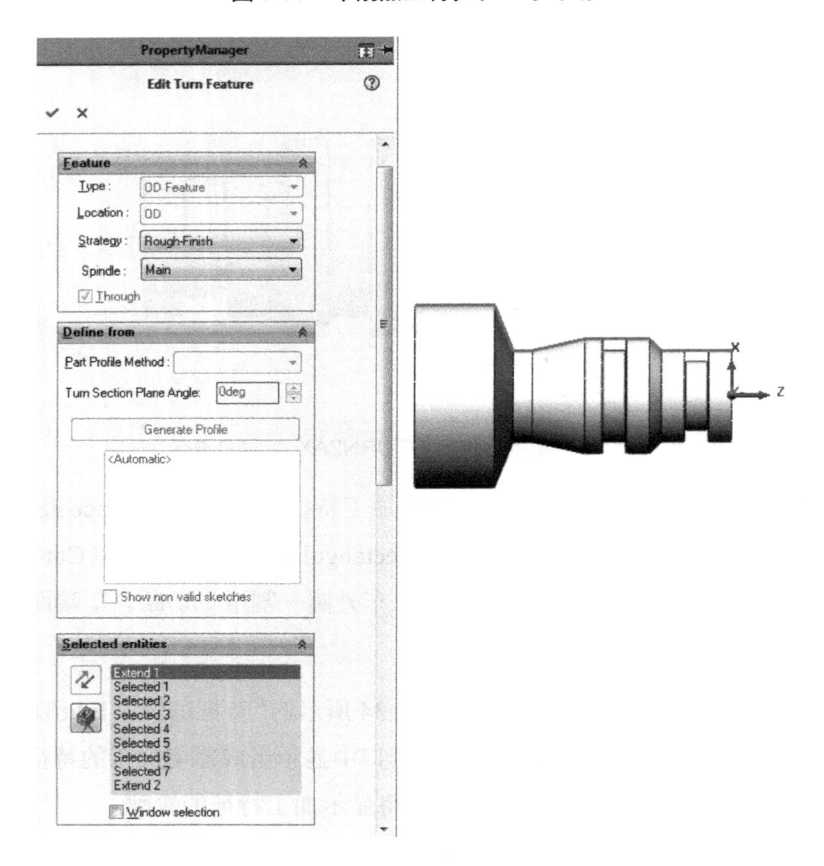

图 5.34 编辑车削轮廓

参考文献

[1] 二代龙震工作室．SolidWorks 2008 实训教程．北京：人民邮电出版社．2008

[2] 刘萍华．SolidWorks 2016 基础教程与上机指导．北京：北京大学出版社．2018

[3] 上海三泽网络信息技术有限公司．SolidWorks 实战教程．北京：机械工业出版社．2014

[4] 陈超祥，胡其登．SolidWorks 工程图教程．北京：机械工业出版社．2015

[5] 陈超祥，胡其登．SolidWorks 零件与装配体教程．北京：机械工业出版社．2015

[6] 陈超祥，胡其登．SolidWorks 高级教程简编．北京：机械工业出版社．2015

[7] 苏春．数字化设计与制造．北京：机械工业出版社．2012

[8] 殷国富，袁清珂，徐雷．计算机辅助设计与制造技术．北京：清华大学出版社．2011

[9] 东大软件．CAMWorks Installation & License Activation Guide.